Leonardo Santos Barbosa

A Matemática da Escola de Aprendizes-Marinheiros

Leonardo Santos Barbosa

A Matemática da Escola de Aprendizes-Marinheiros

EDITORA CIÊNCIA MODERNA

A Matemática da Escola de Aprendizes-Marinheiros

Editor: Paulo André P. Marques
Produção Editorial: Dilene Sandes Pessanha
Capa: Daniel Jara
Copidesque: Equipe Ciência Moderna

FICHA CATALOGRÁFICA

BARBOSA, Leonardo Santos.

A Matemática da Escola de Aprendizes-Marinheiros

Rio de Janeiro: Editora Ciência Moderna Ltda., 2020.

1. Matemática
I — Título

ISBN: 978-85-399-0998-8 CDD 510

Editora Ciência Moderna Ltda.
R. Alice Figueiredo, 46 – Riachuelo
Rio de Janeiro, RJ – Brasil CEP: 20.950-150
Tel: (21) 2201-6662/ Fax: (21) 2201-6896
E-MAIL: LCM@LCM.COM.BR
WWW.LCM.COM.BR **07/20**

Prefácio

Muitos são os que almejam uma vaga em uma escola militar. Pensando nisso, fiz este material com as soluções comentadas das provas de matemática do processo seletivo de admissão às Escolas de Aprendizes-Marinheiros (EAM). Para servir de auxílio aos que estão estudando e, de consulta, aos que ensinam em cursos pré-militares e querem ver questões de provas anteriores para usar em seus materiais didáticos.

Nele você vai encontrar, na parte I, as provas de matemática desde o concurso aplicado em 2004 até o concurso aplicado em 2017. Já na parte II, você encontrará as resoluções comentadas de cada questão. Procurei, sempre que possível, mostrar qual o teorema utilizado, para que se possa entender melhor ou procurar outras referências que tratem a fundo o assunto em si.

Mantive a formatação a mais fiel possível em relação à prova do concurso, mas, em alguns casos, fiz leves alterações a fim de tornar a formatação – e possivelmente a leitura – agradável. Não fiz alterações em questões que, porventura, possam ter sido anuladas. Nestas, coloquei nas respostas "Sem Opção". Quanto às figuras, quando achei válido e, necessário, refiz, mais uma vez a fim de uniformizar a formatação.

No capítulo 29 coloquei os gabaritos somente com as opções, para uma rápida consulta e caso, você leitor/usuário não tenha acertado a questão que está analisando/resolvendo, pode olhar a solução comentada posteriormente.

Caso tenha comentários e/ou sugestões que venham a acrescentar positivamente neste material, não fique acanhado, por favor envie sua opinião para mim por email através de `leonardosantos.inf@gmail.com`. Suas opiniões serão muito bem-vindas.

Mais uma vez, desejo-lhe sucesso.

Leonardo Santos Barbosa

Prefácio

Sumário

Parte I

Provas

Capítulo 1

Matemática 2004/2005

1) O lucro mensal de uma fábrica é dado por $L(x) = -2x^2 + 32x - 56$, sendo x medido em milhares de peças fabricadas e L em milhões de Reais.
Quando o lucro é nulo, isto é, $-2x^2 + 32x - 56 = 0$, a quantidade de peças produtivas é a solução positiva da equação, multiplicada por mil, então a quantidade de peças para que o lucro seja nulo é:
(A) 2.000 ou 14.000
(B) 3.000 ou 16.000
(C) 4.000 ou 12.000
(D) 5.000 ou 16.000
(E) 7.000 ou 18.000

2) Se uma torneira enche um reservatório de água de $5,4$ m^3 a uma razão de 15 litros por minuto, quanto tempo levará para encher completamente o reservatório?
(A) quatro horas
(B) cinco horas e meia
(C) seis horas
(D) seis horas e meia
(E) sete horas

3) Na figura 1.1, os segmentos $\overline{AB}$, $\overline{BC}$, $\overline{CD}$, $\overline{DE}$ são respectivamente paralelos aos segmentos $\overline{MN}$, $\overline{NQ}$, $\overline{QO}$, $\overline{OP}$, o ângulo $P\hat{O}Q = 35°$ e $A\hat{B}C = 40°$. O valor do ângulo $B\hat{C}D$ é:

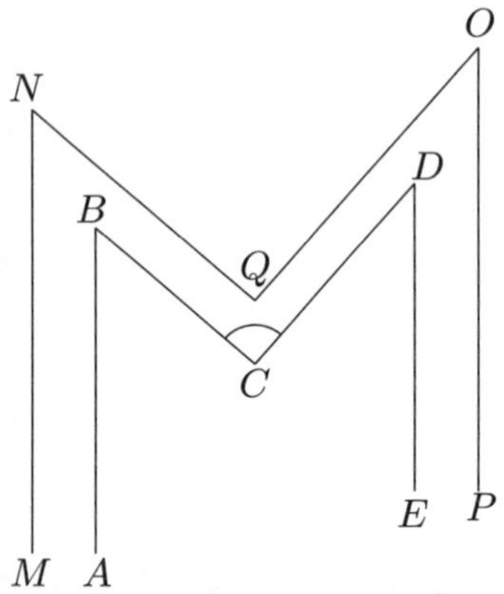

Figura 1.1

(A) 35° (B) 40° (C) 50° (D) 55° (E) 75°

4) Num trabalho de pesquisa feito com 10.000 fumantes, divididos em 5 grupos em que a cada grupo foi aplicada uma arma contra o fumo, conforme o gráfico abaixo (figura 1.2). Sabe-se que 40% do grupo que utilizaram a acupuntura parou de fumar. O número de pessoas que participaram dessa pesquisa e que pararam de fumar através da acupuntura é:

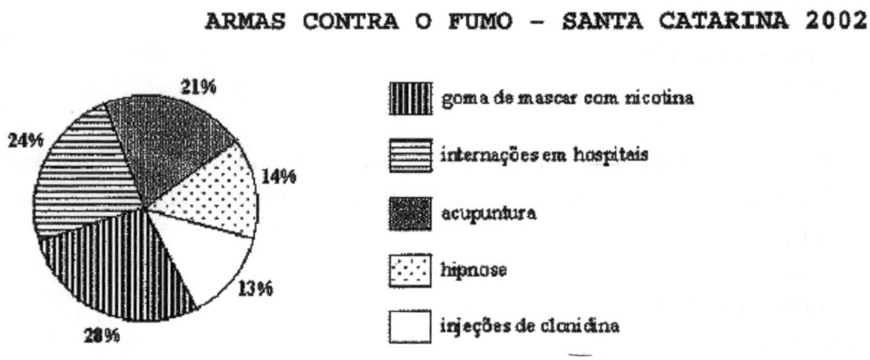

Figura 1.2

(A) 840 (B) 860 (C) 1020 (D) 1400 (E) 1480

5) A área da figura 1.3 cinza, onde todas as medidas são em metros, é:

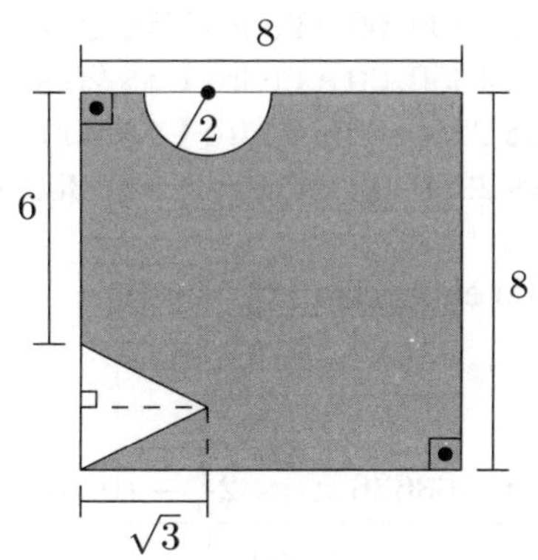

Figura 1.3

Considere: $\pi = 3,1$ e $\sqrt{3} = 1,3$

(A) $54,1$ (B) $56,1$ (C) $58,2$ (D) $60,1$ (E) $61,3$

6) No painel (figura 1.4) o desenho de uma árvore de natal, na forma de um triângulo isósceles, onde a altura, e a base são números inteiros e os lados medem $\sqrt{10}$, será revestido com um papel de parede, que custa R\$ $8,00$ o metro quadrado. Qual o custo mínimo para revestir essa árvore?

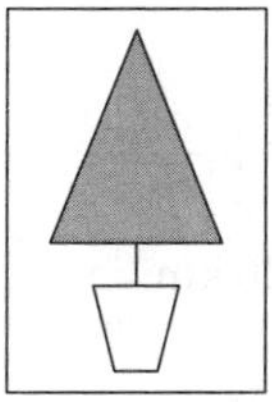

Figura 1.4

(A) R\$ $16,00$ (B) R\$ $24,00$ (C) R\$ $32,00$ (D) R\$ $40,00$ (E) R\$ $48,00$

7) Os irmãos Antônio e Pedro, sem nenhuma economia, receberam de seu pai uma certa quantia em dólares cada um, para fazer uma viagem. Percebendo a diferença entre essas quantias, Antônio dá a Pedro tantos dólares quanto Pedro possui; Em seguida Pedro dá a Antônio tantos dólares quanto Antônio possui. Iniciam a viagem com U\$\$ $1.800,00$ cada um. Quantos dólares cada um recebeu de seu pai inicialmente?

(A) Antônio recebeu U\$\$ $1000,00$ e Pedro U\$\$ $800,00$

(B) Antônio recebeu U$$ $2000,00$ e Pedro U$$ $2250,00$
(C) Antônio recebeu U$$ $1350,00$ e Pedro U$$ $2600,00$
(D) Antônio recebeu U$$ $2250,00$ e Pedro U$$ $1000,00$
(E) Antônio recebeu U$$ $2250,00$ e Pedro U$$ $1350,00$

8) O valor simplificado da expressão:

$$\frac{1,363636\ldots \times 2\frac{1}{5} - (0,5)^2}{\left(\sqrt{2}\right)^{-4}}$$

é:

(A) $\frac{9}{5}$ (B) $\frac{31}{5}$ (C) 7 (D) 9 (E) 11

9) Para monitorar duas avenidas, devem ser instaladas câmeras, posicionadas em pontos a partir da posição 1 até a posição n nas avenidas A e B (figura 1.5). Sendo u a maior e constante distância entre as câmeras, o total de câmeras a serem instaladas nas avenidas é:

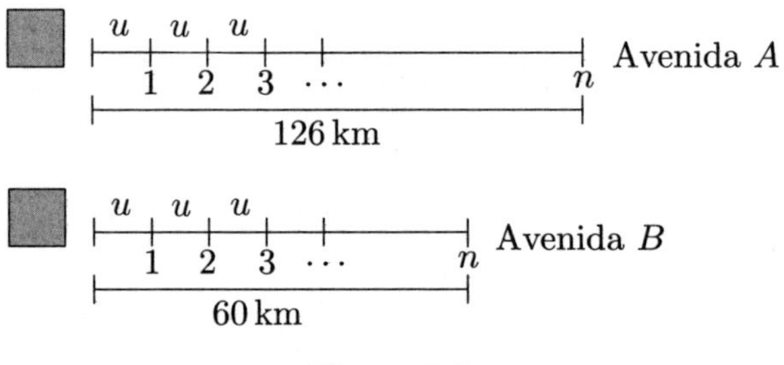

Figura 1.5

(A) 28 (B) 30 (C) 31 (D) 36 (E) 37

10) Para sustentação do letreiro é feito um suporte de ferro na forma de um triângulo retângulo ABC (figura 1.6). Calcule o comprimento da barra de ferro representada pelo segmento $\overline{AD}$ sabendo que é bissetriz do ângulo $B\widehat{A}C$.

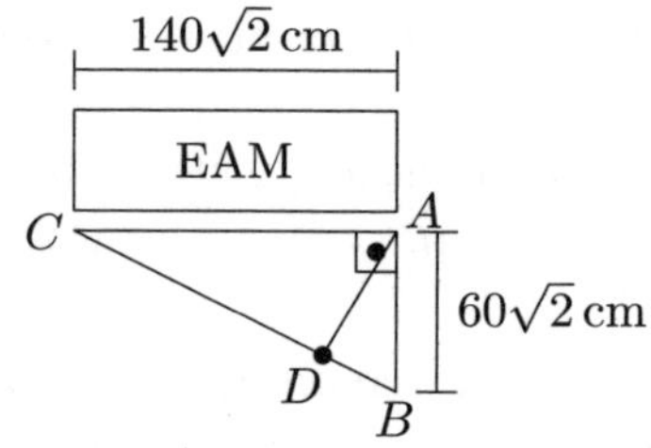

Figura 1.6

(A) $0,56$ m (B) $0,84$ m (C) $0,92$ m (D) 1 m (E) $1,2$ m

11) Em uma viagem foram colocados dois tipos de revistas para que os tripulantes de uma fragata desfrutassem de uma boa leitura. Ao final da viagem foi feita uma pesquisa com todos os tripulantes para saber das preferências com relação às revistas "saúde à bordo" ou "vida marinha", verificou-se que:

- 20 tripulantes leram "saúde à bordo"
- 30 tripulantes leram "vida marinha"
- 8 tripulantes leram as duas revistas
- 14 tripulantes não leram nenhuma dessas revistas

Qual o número de tripulantes da fragata nesta viagem?
(A) 56 (B) 58 (C) 64 (D) 68 (E) 72

12) Um marinheiro ao viajar comprou U$$ $1000,00$ a uma taxa de $2,9$ Reais por Dólar. Não havendo usado este dinheiro na viagem, ele vendeu, na sua volta a uma taxa de $2,7$ Reais por Dólar. Então:
(A) O marinheiro lucrou R$ $180,00$
(B) O marinheiro lucrou R$ $190,00$
(C) O marinheiro lucrou R$ $200,00$
(D) O marinheiro perdeu R$ $100,00$
(E) O marinheiro perdeu R$ $200,00$

13) Numa competição de arremesso de dardo, o vencedor conseguiu 82 m. O segundo colocado 78 m. De quanto foi o lançamento do terceiro colocado, sabendo-se que a diferença entre seu lançamento e o lançamento do segundo colocado foi a terça parte da diferença entre o seu lançamento e o do primeiro?

(A) 72 m (B) 74 m (C) 75 m (D) 76 m (E) 77 m

14) A soma das raízes reais da equação $\sqrt{2}x^2 - \left(2\sqrt{2}+2\right)x + 4 = 0$ é:
(A) 0 (B) $2-\sqrt{2}$ (C) $\sqrt{2}$ (D) $2+\sqrt{2}$ (E) $4\sqrt{2}$

15) No numeral $213a46$, a letra a representa um algarismo. Se o número correspondente é divisível por 3, a soma dos algarismos que podem substituir a letra a é:
(A) 10 (B) 12 (C) 15 (D) 16 (E) 17

Capítulo 2

Matemática 2005/2006

1) Um cavalo deve ser amarrado a uma estaca situada em um dos vértices de um pasto que tem a forma de um quadrado, cujo lado mede 20 m. Para que ele possa pastar em cerca de 20% da área total do pasto, a parte inteira, em metros, do comprimento da corda que o prende à estaca deve ser igual a

(A) 1 (B) 2 (C) 5 (D) 8 (E) 10

2) Dado o seguinte problema: "Subtraindo-se 3 de um certo número x, obtém-se o dobro da sua raiz quadrada. Qual é esse número?"; pode-se afirmar que, no conjunto dos números reais, esse problema

(A) tem duas soluções
(B) tem só uma solução, a que é um número primo
(C) tem só uma solução, a que é um número par
(D) tem só uma solução, a que é um número ímpar e não primo
(E) não tem solução

3)

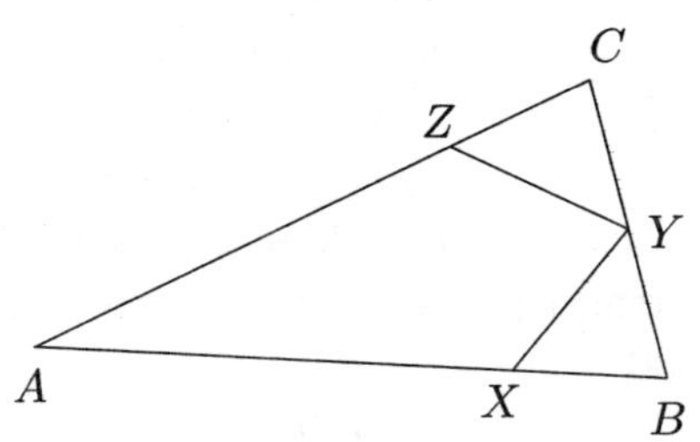

Figura 2.1

Na figura 2.1 acima, $AB = AC$, $BX = BY$ e $CZ = CY$. Se o ângulo $\widehat{A}$ mede $40°$, quanto mede o ângulo $X\widehat{Y}Z$?

(A) 40° (B) 50° (C) 60° (D) 70° (E) 90°

4)

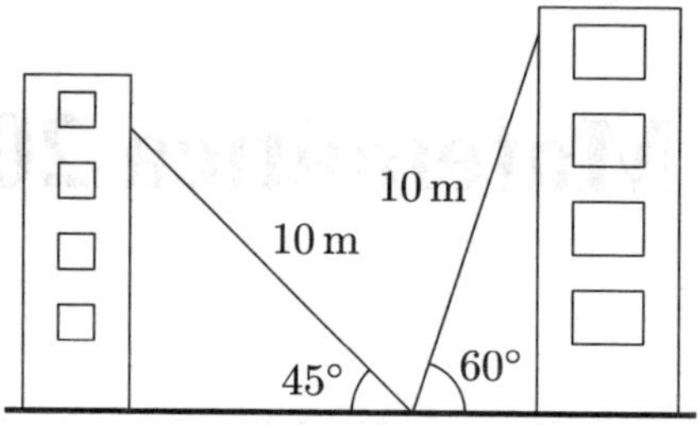

Figura 2.2

Uma escada de 10 metros de comprimento forma ângulo de 60° com a horizontal quando encostada ao edifício de um dos lados da rua, e ângulo de 45° se for encostada ao edifício do outro lado, apoiada no mesmo ponto do chão (figura 2.2). A largura da rua, em metros, vale aproximadamente

(A) 15 (B) 14 (C) 13 (D) 12 (E) 11

5) Uma balança assinala 325 g para um certo copo cheio de água. Jogando-se metade da água fora, a balança passa a assinalar 180 g. Para esse copo vazio, quanto tal balança assinalará em gramas?

(A) 20 (B) 25 (C) 35 (D) 40 (E) 45

6) Numa competição de tiro-ao-alvo cada atirador deve efetuar 25 disparos. Qual a porcentagem de acertos no alvo de um jogador que obtém $+0,5$ pontos sabendo-se que cada tiro no alvo vale $+0,4$ e cada tiro fora do alvo vale $-0,1$?

(A) 25 (B) 24 (C) 20 (D) 16 (E) 5

7) Um feirante compra duas unidades de maçã por R\$ $0,75$. Sabendo-se que ele vende o lote de seis maçãs por R\$ $3,00$, quantas maçãs deverá vender para ter um lucro de R\$ $50,00$?

(A) 40 (B) 52 (C) 400 (D) 520 (E) 600

8)

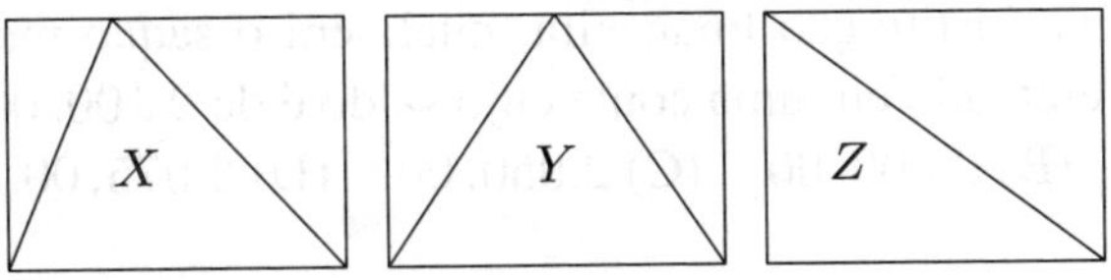

Figura 2.3

Considerando-se que, na figura 2.3 acima, os triângulos X, Y e Z estejam inscritos em retângulos congruentes, pode-se afirmar que
(A) apenas as áreas dos triângulos X e Y são iguais
(B) apenas as áreas dos triângulos X e Z são iguais
(C) apenas as áreas dos triângulos Y e Z são iguais
(D) as áreas dos triângulos X, Y e Z são iguais entre si
(E) as áreas dos triângulos X, Y e Z são diferentes entre si

9) Numa unidade da Marinha, estão lotados: 200 terceiros sargentos; 160 segundos sargentos; e n primeiros sargentos. Se n representa $\frac{2}{5}$ do número total de sargentos da referida unidade, pode-se afirmar que n
(A) é múltiplo de 15 e de 8
(B) é múltiplo de 15 e não de 8
(C) não é múltiplo de 15, nem de 8
(D) não é múltiplo de 15, mas é múltiplo de 8
(E) é múltiplo de 18

10) Em uma sala retangular de piso plano nas dimensões $8,80$ m por $7,60$ m, deseja-se colocar lajotas quadradas iguais sem a necessidade de recortar qualquer peça. A medida máxima em centímetros, do lado de cada lajota deverá ser igual a
(A) 10 (B) 20 (C) 30 (D) 40 (E) 50

11) Fatorando-se a expressão $ac + 2bc - ad - 2bd$, obtém-se
(A) $(a + 2b)(c - d)$
(B) $(a - 2b)(c - d)$
(C) $(a - 2b)(c + d)$
(D) $(a + c)^2 (a - d)$
(E) $(a - c)(a + 2b)$

12) Caso seja cobrado um imposto de 5% sobre o valor de qualquer saque

efetuado em uma instituição financeira, qual será o saque máximo possível, em reais, a ser efetuado em uma conta cujo saldo é de $2.100,00$ reais?
(A) $1.995,00$ (B) $2.000,00$ (C) $2.050,00$ (D) $2.075,00$ (E) $2.095,00$

13) A maquete de um reservatório R, feita na escala $1:500$, tem 8 mm de largura, 10 mm de comprimento e 8 mm de altura. Qual é a capacidade em litros do reservatório R?
(A) 640 (B) 800 (C) 6400 (D) 8000 (E) 80000

14) Em um triângulo, os lados medem 9 cm, 12 cm e 15 cm. Quanto mede, em centímetros, a altura relativa ao maior lado desse triângulo?
(A) $8,0$ (B) $7,2$ (C) $6,0$ (D) $5,6$ (E) $4,3$

15)

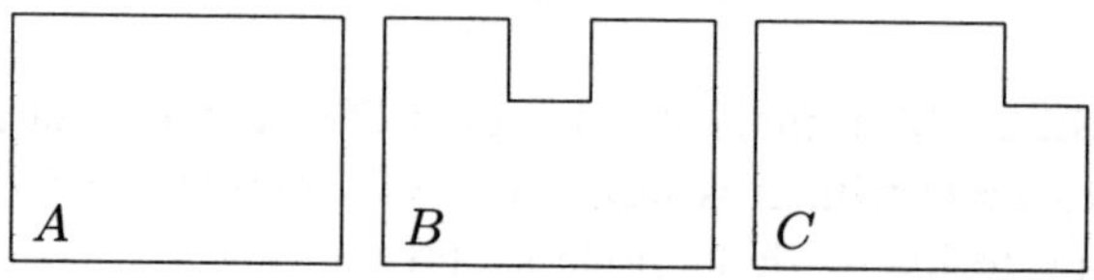

Figura 2.4

Considerando-se que a figura A seja um retângulo e as figuras B e C sejam obtidas, respectivamente, pela retirada da figura A de um quadrado de lado unitário, pode-se afirmar que
(A) apenas os perímetros das figuras A e B são iguais
(B) apenas os perímetros das figuras A e C são iguais
(C) apenas os perímetros das figuras B e C são iguais
(D) os perímetros das figuras A, B e C são todos iguais
(E) os perímetros das figuras A, B e C são todos diferentes

Capítulo 3

Matemática 2006/2007

1) Um quadrado $ABCD$ tem 64 cm de perímetro. Quanto mede o lado de um quadrado cujo perímetro é o dobro do perímetro do quadrado $ABCD$?
(A) 8 (B) 16 (C) 18 (D) 28 (E) 32

2) Qual o valor de $m + n$ para que $(x^2 + mx) . (x^2 - x) + nx$ seja igual a $x^4 - 3x^3 + 7x^2$? (Lembre-se, coeficientes de termos com o mesmo grau são iguais).
(A) 5 (B) 3 (C) 2 (D) -3 (E) -7

3) Um percurso de 40 km é feito em 8 horas numa velocidade constante de 5 km/h. Se for aumentado o percurso em 20% e a velocidade em 60%, quantas horas serão necessárias para fazer o novo percurso?
(A) 3 (B) 6 (C) 8 (D) 12 (E) 15

4) $V = -3 \cdot (6 - x)$ é a expressão que representa as vendas de uma determinada mercadoria, onde x é a quantidade da mercadoria vendida. Com base nos dados apresentados é correto afirmar que a venda é positiva para
(A) qualquer que seja x
(B) $x = 6$
(C) x entre 3 e 6
(D) $x < 6$
(E) $x > 6$

5) Quantos são os números inteiros que satisfazem simultaneamente as inequações $2 \cdot (2x + 3) + 5 > 1$ e $3 \cdot (-2 + x) - 2 < 1$?

(A) 2 (B) 3 (C) 4 (D) 5 (E) 6

6) Reduza a uma só potência a expressão $\left(3^{-4} \cdot 9^{4} \div 3^{-6}\right) \div \left(81 \div 3^{-2}\right)$.
(A) 32 (B) 34 (C) 36 (D) 38 (E) 310

7)

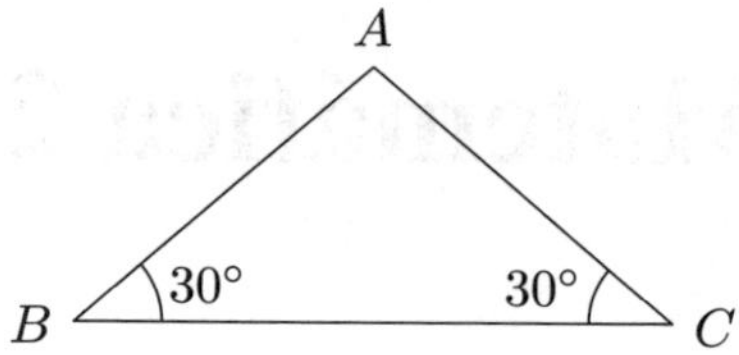

Figura 3.1

Na figura 3.1 acima, o segmento AB mede 2 cm. Qual o valor da área do triângulo ABC medidos em cm^2?
(A) $2\sqrt{3}$ (B) $\sqrt{3}$ (C) 4 (D) 2 (E) 1

8) Observe a figura 3.2 abaixo

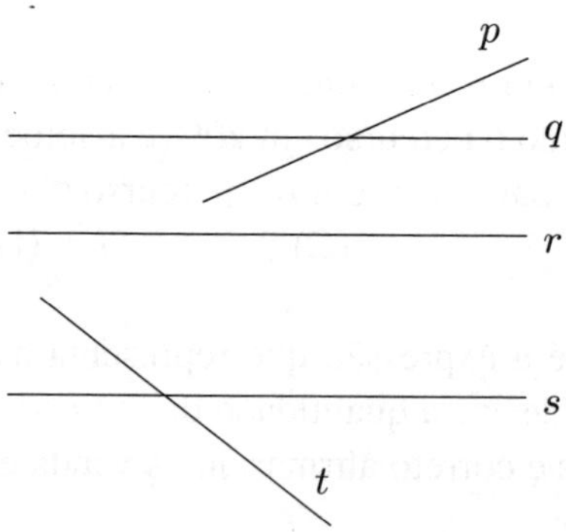

Figura 3.2

Dados:

- p paralelo a q paralelo a r;
- p perpendicular a t; e

- 25° é o menor ângulo que a reta p forma com a reta q.

Com os dados apresentados, é correto afirmar que um dos ângulos que a reta t forma com a reta s é igual a
(A) $55°$ (B) $75°$ (C) $85°$ (D) $110°$ (E) $115°$

9) O lado de um losango mede $2\sqrt{5}$ cm. A diagonal menor é a metade da maior. Qual o valor da soma das diagonais em centímetros?
(A) 3 (B) 6 (C) 10 (D) 12 (E) $6\sqrt{2}$

10) Sendo $a = \sqrt{6} + 1$ e $b = \frac{1}{\sqrt{2}} + \sqrt{3}$, qual o valor de $a^2 + b^2$?
(A) $\frac{21}{2} + 3\sqrt{6}$ (B) $\frac{21+3\sqrt{6}}{2}$ (C) $\frac{11}{2} + 3\sqrt{6}$ (D) $11 + 3\sqrt{6}$ (E) $\frac{11}{2}$

11) Observe o circuito abaixo (figura 3.3), onde x, y e z são números inteiros.

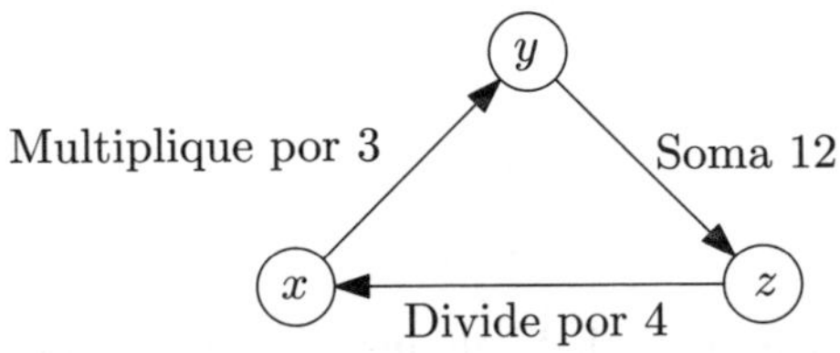

Figura 3.3

Respeitando as indicações das três setas deste circuito, determine o valor de $x + y$ e assinale a opção correta.
(A) 24 (B) 42 (C) 48 (D) 60 (E) 84

12) Dadas as proporções $\frac{2}{x+2} = \frac{3}{2x+4}$ e $\frac{y+16}{2y+2} = 3$, calcule o valor de $y - x$ e assinale a opção correta.
(A) -4 (B) -2 (C) 0 (D) 4 (E) 9

13) Observe a figura 3.4

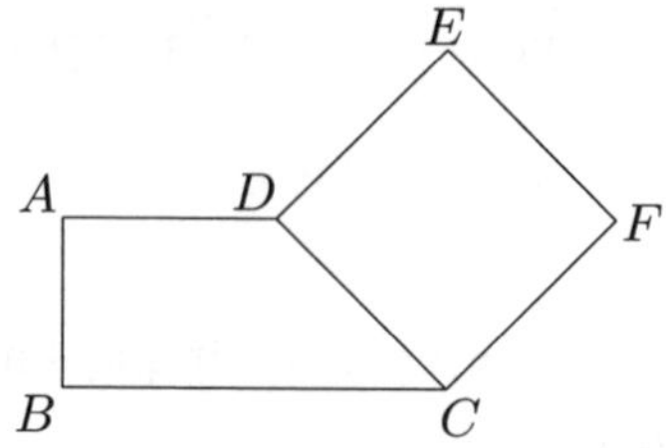

Figura 3.4

Nela, $ABCD$ é um trapézio e $CDEF$, um quadrado. Sabendo que $\overline{AB} = \overline{AD} = x$ e $\overline{BC} = x + 3$, qual a expressão que representa a área da figura?
(A) $\frac{4x^2+3x+6}{2}$
(B) $\frac{4x^2+15x+18}{2}$
(C) $\frac{4x^2+3x+18}{2}$
(D) $\frac{20x^2+3x}{2}$
(E) $\frac{8x^2+3x}{2}$

14) Assinale a opção que apresenta a equação que possui raízes reais distintas.
(A) $2x^2 + 6x = 20$
(B) $3x^2 - 12x = -12$
(C) $-x^2 + 5x = 10$
(D) $-2x^2 - 12x = 18$
(E) $x^2 + 4 = 0$

15) Numa determinada "festinha", alguns rapazes compraram 5 salgados e 3 refrigerantes pagando R\$ $13,00$. Numa outra rodada, ao chegarem mais amigos, compraram 4 salgados e 4 refrigerantes pagando R\$ $12,00$.
Com base nos dados apresentados, quanto deveriam pagar na compra de 2 salgados e 1 refrigerante?
(A) R\$ $3,00$ (B) R\$ $4,00$ (C) R\$ $5,00$ (D) R\$ $6,00$ (E) R\$ $7,00$

Capítulo 4

Matemática 2007/2008

1) Se $A = 3 - \sqrt{3}$ e $B = -1 + \sqrt{3}$, o valor de $\frac{A}{B}$ é igual a
(A) $-\sqrt{3}$ (B) $\sqrt{3}$ (C) $\frac{\sqrt{3}}{2}$ (D) $\frac{3+2\sqrt{3}}{2}$ (E) $\frac{3+\sqrt{3}}{2}$

2) Pedro possui R\$ $260,00$. Sabe-se que 40% do que ele tem corresponde a 25% da quantia que seu primo tem. Com base nos dados apresentados, é correto afirmar que a quantia, em reais, que o primo de Pedro possui é de
(A) 26 (B) 65 (C) 104 (D) 260 (E) 416

3) O valor da expressão numérica: $[(4+5)+3\cdot 7]\div(5\cdot 1+5)+(60-5\cdot 12)$
(A) 3 (B) 8 (C) 25 (D) 33 (E) 63

4) Uma corda de 20 metros de comprimento foi cortada em dois pedaços de tamanhos diferentes. Os pedaços foram usados para fazer dois quadrados. Sabendo que a diferença entre as áreas é igual a 5 m^2, é correto afirmar que a área do quadrado maior, em metros quadrados, é igual a
(A) 1 (B) 2 (C) 4 (D) 7 (E) 9

5) Quanto se deve dar de entrada, em reais, numa bicicleta de R\$ $1.130,00$ para pagar a parte restante em quatro prestações iguais de R\$ $204,00$?
(A) 926 (B) 816 (C) 340 (D) 314 (E) 280

6) Em relação a Mudanças de Unidades, assinale a opção correta.
(A) $6\text{ m} + 5\text{ cm} = 65\text{ cm}$
(B) $2,2\text{ dm} + 4,5\text{ m} = 6,7\text{ m}$
(C) $7,3\text{ m} - 46\text{ cm} = 684\text{ cm}$

(D) $0,56 \text{ m} + 0,18 \text{ m} = 7,4 \text{ cm}$
(E) $2 \text{ dm} + 32,5 \text{ cm} = 3,45 \text{ m}$

7) A raiz da equação $3x^2 - 13x - 10 = 0$ representa a medida em centímetros do lado de um quadrado. Quanto mede em centímetros quadrados, a área desse quadrado?
(A) 20 (B) 25 (C) 30 (D) 36 (E) 225

8) O MMC dos polinômios $3x^2 + 6x$ e $x^3 + 4x^2 + 4x$ é igual a
(A) x^2 (B) $3x(x+2)^2$ (C) $x\,(x+2)$ (D) $3\,(x+2)$ (E) $x(x+2)^2$

9) Em uma determinada calculadora, não funciona a tecla da divisão. Sendo assim, para dividir um número por 25 nessa calculadora, deve-se
(A) Subtrair 15
(B) Somar $0,4$
(C) Multiplicar por $0,25$
(D) Multiplicar por $0,04$
(E) Multiplicar por $0,4$

10) Um robô de brinquedo dá passos de 2 centímetros. A partir de ponto A, ele caminha 8 passos para frente, gira $90°$ para a esquerda, dá mais 6 passos em a frente e pára em um ponto B. Qual a medida, em centímetros, do segmento AB?
(A) 10 (B) 14 (C) 20 (D) 25 (E) 28

11) Observe a figura 4.1 abaixo.

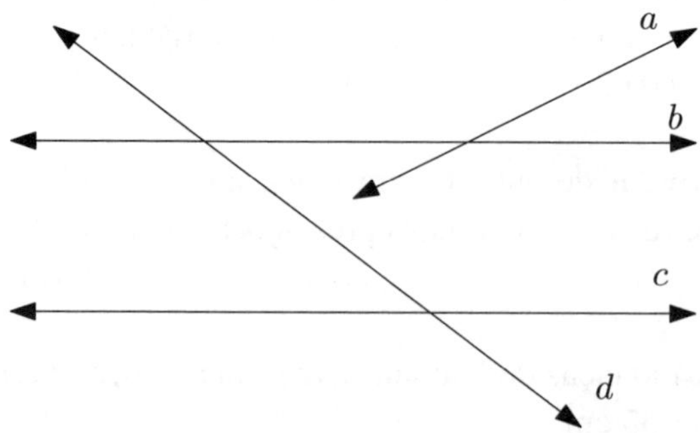

Figura 4.1

Dados:

- b é paralelo a c
- a é perpendicular a d
- $40°$ é o menor ângulo que a reta d forma com a reta c

Com os dados apresentados, é correto afirmar que o maior ângulo formado da reta a com a reta b é igual a
(A) $50°$ (B) $55°$ (C) $60°$ (D) $80°$ (E) $130°$

12) Em um paralelogramo, dois lados consecutivos medem 16 cm e 10 cm e o ângulo obtuso interno $150°$. Determine, em centímetros quadrados, a área do paralelogramo.
(A) 50 (B) $50\sqrt{2}$ (C) 80 (D) 128 (E) 160

13) O valor de $A = \left[\left(x^2 - 2x + 4\right)(x+2) - \left(x^3 + x^2 + 8\right)\right]$ é igual a
(A) $-x^2$ (B) x^2 (C) $2x^3 - x^2$ (D) $-x^2 + 8x$ (E) 16

14) Uma torneira com vazamento de 20 gotas por minuto, desperdiça, em 30 dias, 100 litros de água. A mesma torneira vazando 45 gotas por minuto, durante 20 dias, desperdiçará quantos litros de água?
(A) 66 (B) 120 (C) 150 (D) 180 (E) 337

15) Um agente secreto enviou ao seu superior uma mensagem informando o número de submarinos do inimigo.
A mensagem era: $7a + 8 > 236$ e $11 - \frac{5a}{3} > -45$.
De acordo com a mensagem, é correto afirmar que a quantidade de submarinos era em número de
(A) 30 (B) 31 (C) 32 (D) 33 (E) 34

Capítulo 5

Matemática 2008/2009

1) Um feirante compra 3 maçãs por R\$ $2,30$ e vende 5 maçãs por R\$ $4,50$. Para obter um lucro de R\$ $10,00$, ele deverá vender uma quantidade de maçãs igual a

(A) 60 (B) 65 (C) 70 (D) 75 (E) 80

2) Na compra de um ventilador que custa R\$ $150,00$, uma pessoa dá $8,5\%$ de entrada e o restante vai pagar em cinco parcelas iguais. Qual o valor de cada parcela?

(A) $27,45$ (B) $27,65$ (C) $28,35$ (D) $28,50$ (E) $29,25$

3) O valor da expressão

$$\frac{0,555\ldots - \sqrt{0,25}}{\left(\frac{2}{3}\right)^2 \cdot 10^{-1}}$$

é

(A) $0,75$ (B) $0,85$ (C) $0,95$ (D) $1,15$ (E) $1,25$

4) Se $\frac{a}{b} = \frac{1}{2}$ o valor de $\left(\frac{a+b}{a-b}\right)^2$ é:

(A) 4 (B) 9 (C) 16 (D) 25 (E) 36

5) Um caminhão pode transportar um limite de peso que corresponde a 75 sacos de cimento ou 3000 tijolos. Se esse caminhão já contém 40 sacos de cimento, quantos tijolos, no máximo, ele ainda pode carregar?

(A) 1150 (B) 1200 (C) 1250 (D) 1400 (E) 1600

6) Observe a figura 5.1 abaixo.

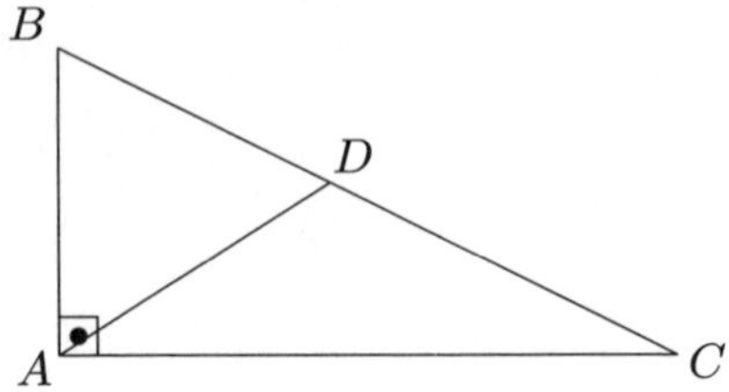

Figura 5.1

O triângulo ABC é retângulo em A e o triângulo ABD é equilátero. Se a medida de $\overline{BC}$ é 12, o comprimento de $\overline{AB}$ é

(A) 5 (B) 6 (C) 7 (D) 8 (E) 9

7) O retângulo de dimensÃţes $(4x - 2)$ cm e $(x + 3)$ cm. O perímetro desse retângulo, em centímetros, mede

(A) 48 (B) 52 (C) 60 (D) 74 (E) 80

8) Para que os números $\frac{K}{2}$, $\frac{K}{3}$, $\frac{K}{4}$ e $\frac{K}{5}$ sejam inteiros, o menor valor de K inteiro positivo é

(A) 20 (B) 30 (C) 40 (D) 50 (E) 60

9) Em um triângulo retângulo isósceles, a hipotenusa tem por medida $5\sqrt{2}$ cm. A soma das medidas dos catetos, em centímetros, é

(A) 6 (B) 8 (C) 9 (D) 10 (E) 12

10) Se A $= 2 + \sqrt{3}$ e B $= \frac{2}{\sqrt{3}-1}$, o valor de $A - B$ é igual a

(A) $-\sqrt{3}$ (B) -1 (C) 1 (D) $\sqrt{3}$ (E) 3

11) Reduzindo-se os termos semelhantes da expressão

$$b\,(a-b) + (b+a)\,(b-a) - a\,(b-a) + (b-a)^2$$

obtém-se

(A) $(\mathrm{a}-\mathrm{b})^2$ (B) $(\mathrm{a}+\mathrm{b})^2$ (C) $\mathrm{b}^2-\mathrm{a}^2$ (D) $\mathrm{a}^2-\mathrm{b}^2$ (E) $\mathrm{a}^2+\mathrm{b}^2$

12) O valor de x que torna verdadeira a igualdade $3 - \frac{1}{1-\frac{1}{x}} = 1$, é

(A) -2 (B) -1 (C) 2 (D) 3 (E) 4

13) O menor número inteiro que satisfaz a inequação $\frac{3+5x}{6} < \frac{1}{4} + x$ é

(A) -2 (B) -1 (C) 0 (D) 1 (E) 2

14) Paguei R\$ $24,00$ por um CD e um DVD. Se eu tivesse comprado 3 CDs e 4 DVDs, teria pago R\$ $87,00$. O preço desse CD, em reais, corresponde a uma fração do DVD igual

(A) a um terço

(B) Ãă metade

(C) a três quintos

(D) a dois terços

(E) a três quartos

15) O triplo da raiz quadrada de um número real positivo x, diminuído de duas unidades, é igual ao próprio número x. A soma das raízes dessa equação é

(A) 2 (B) 3 (C) 4 (D) 5 (E) 6

Capítulo 6

Matemática 2009/2010

1) Observe a figura 6.1 plana a seguir.

Figura 6.1

Na figura 6.1, tem-se dois quadrados. O maior tem 5 cm de lado, e o menor, 3 cm. A área da região hachurada, em cm^2, é

(A) 16 (B) 17 (C) 18 (D) 20 (E) 25

2) Observe a figura 6.2 abaixo.

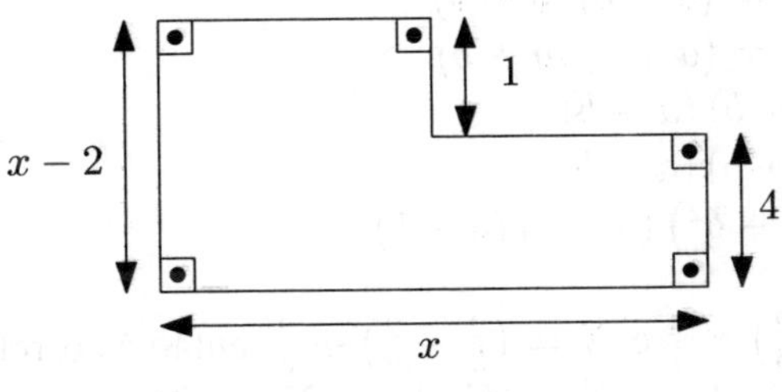

Figura 6.2

Assinale a opção que indica o seu perímetro.
(A) 24 (B) 21 (C) 17 (D) 14 (E) 10

3) O valor de $\sqrt[3]{\frac{(a+b)ab}{a-b}}$ para $a = 12$ e $b = 6$ é
(A) 5 (B) 6 (C) 7 (D) 8 (E) 9

4) Observe a representação na figura 6.3.

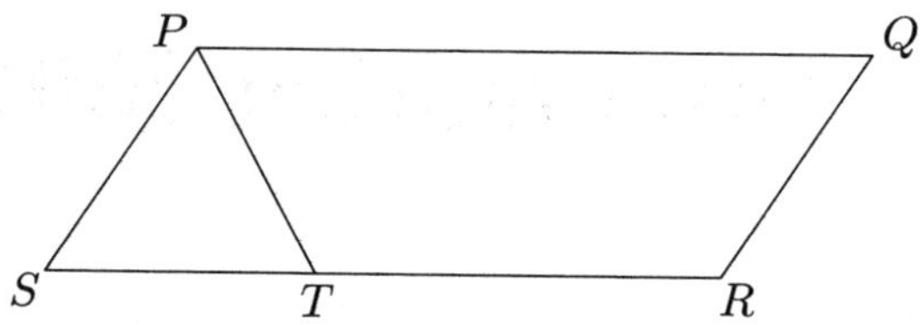

Figura 6.3

No paralelogramo $PQRS$, $\overline{PS} = \overline{ST}$, e o ângulo $P\widehat{Q}R$ mede 56°, conforme mostra a figura. A medida do ângulo $S\widehat{T}P$, em graus, é
(A) 59 (B) 60 (C) 61 (D) 62 (E) 64

5) Para ladrilhar uma sala, foram necessários 640 azulejos quadrados de 15 cm de lado. Qual a área da sala em metros quadrados?
(A) $12,1$ (B) $14,4$ (C) $16,9$ (D) $19,6$ (E) $21,3$

6) O valor de k na equação $(k-1)x^2 - (k+6)x + 7 = 0$, de modo que a soma de suas raízes seja 8, é
(A) -2 (B) -1 (C) 0 (D) 1 (E) 2

7) Qual das expressões algébricas abaixo NÃO está corretamente fatorada?
(A) $a^2 - 2ab + b^2 = (a-b)(a-b)$
(B) $a^2 + 2ab + b^2 = (a+b)(a+b)$
(C) $a^2 + b^2 = (a+b)(a+b)$
(D) $a^2 - b^2 = (a+b)(a-b)$
(E) $a^4 - b^4 = (a^2+b^2)(a+b)(a-b)$

8) Se $M = \left(\frac{1}{2} + \frac{2}{3}\right) \times \frac{4}{7}$ e $N = \left(\frac{2}{3} - \frac{2}{9}\right) \div \frac{2}{3}$, então é correto afirmar que
(A) $M = N$ (B) $M = 3N$ (C) $M < N$ (D) $M > N$ (E) $M = 2N$

9) No universo dos reais, o conjunto-solução da inequação

$$2(x+1)-(x-2)>3(x-2)$$

é

(A) $S=\{x \in \mathbb{R} \mid x>6\}$
(B) $S=\{x \in \mathbb{R} \mid x<5\}$
(C) $S=\{x \in \mathbb{R} \mid x<6\}$
(D) $S=\{x \in \mathbb{R} \mid x>8\}$
(E) $S=\{x \in \mathbb{R} \mid x>5\}$

10) Qual o dividendo de uma divisão cujo quociente é 69, o divisor é 58, e o resto é o maior possível?
(A) 4002 (B) 4059 (C) 4060 (D) 4062 (E) 4063

11) O valor dos juros simples produzidos por um capital de R\$ $2.000,00$ aplicados durante 1 ano e 8 meses à taxa de $1,5\%$ a.m. é, em reais, igual a
(A) 400 (B) 500 (C) 600 (D) 700 (E) 800

12) Observe a figura 6.4 abaixo.

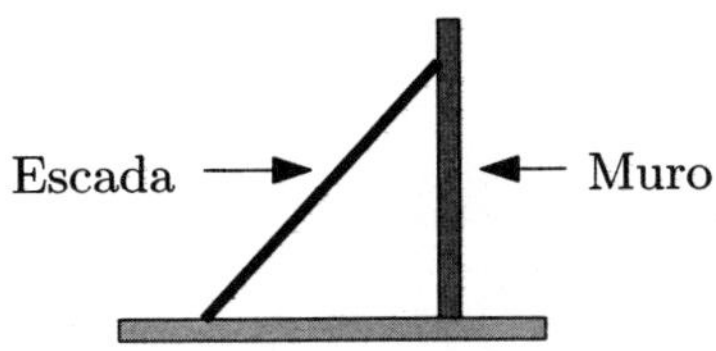

Figura 6.4

O pé de uma escada de 10 m de comprimento está afastado 6 m de um muro. A que altura do chão, em metros, encontra-se o topo da escada?
(A) 5 (B) 6 (C) 7 (D) 8 (E) 9

13) A soma do maior com o menor divisor primo de 70 é um número
(A) par
(B) divisível por 5
(C) quadrado perfeito
(D) múltiplo de 7
(E) divisor de 11

14) Na divisão de um polinômio $P(x)$ por $\left(x^2+1\right)$, obtém-se quociente $(3x+2)$ e resto 3. Então $P(x)$ é

(A) $3x^3 - 2x^2 - 3x + 5$
(B) $3x^3 + 2x^2 + 2x + 5$
(C) $3x^3 - 2x^2 - 2x + 5$
(D) $3x^3 - 4x^2 - 2x + 5$
(E) $3x^3 + 2x^2 + 3x + 5$

15) Numa pesquisa de mercado sobre a preferência dos consumidores entre duas operadoras de telefonia móvel, verificou-se que 3003 dessas pessoas utilizam as operadoras A e B. A operadora A é utilizada por 9376 das pessoas pesquisadas, e a operadora B por 12213 delas. Se todas as pessoas pesquisadas utilizam pelo menos uma operadora, o número de pessoas que responderam a pesquisa é

(A) 24592 (B) 22623 (C) 21589 (D) 18586 (E) 17658

Capítulo 7

Matemática 2010/2011

1) Sabendo que 1 *grosa* é equivalente a 12 dúzias, é correto afirmar que dez *grosas* são equivalentes a quantas unidades?
(A) 1200 (B) 1440 (C) 1500 (D) 1680 (E) 2440

2) Na hora do almoço Leonardo fala aos seus colegas: "Tenho exatamente 20 moedas no bolso, de R\$ $0,10$ e R\$ $0,50$, que somam R\$ $5,20$". E os desafia: "Quantas moedas de R\$ $0,10$ eu tenho?" Quantas moedas de R\$ $0,10$ Leonardo possui?
(A) 2 (B) 7 (C) 8 (D) 12 (E) 17

3) Suponha que uma pessoa corra em uma esteira 4500 m em 900 minutos. Sabendo que a velocidade é a razão do espaço pelo tempo decorrido, determine a velocidade desenvolvida por essa pessoa, supondo que essa velocidade seja constante.
(A) $5,0$ km/h (B) $2,5$ km/h (C) $1,5$ km/h (D) $0,8$ km/h (E) $0,3$ km/h

4) Uma TV em cores de LCD custa, a prazo, R\$ $2.300,00$. Para pagamento à vista, seu valor é 20% mais barato em relação ao seu preço a prazo. Qual o preço à vista dessa TV?
(A) R\$ $4.000,00$
(B) R\$ $2.100,00$
(C) R\$ $2.040,00$
(D) R\$ $1.900,00$
(E) R\$ $1.840,00$

5) Se o produto $(x-3)(x+1)$ tem o mesmo resultado de $5x-13$, então o valor de x é sempre:
(A) Par (B) Primo (C) Múltiplo de 5 (D) Múltiplo de 13 (E) Ímpar

6) Seja x, y e z os lados de um triângulo retângulo. Sabendo que y é a medida do maior lado então
(A) $y^2 = x^2 + 2z^2$
(B) $y^2 = 2x^2 + 2z^2$
(C) $2y^2 = x^2 + z^2$
(D) $y^2 = x^2 + z^2$
(E)$y^2 = 2x^2 + z^2$

7) O valor da expressão $\frac{x^3+x^2-4x-4}{(x+1)(x-2)}$ quando $x = 987$ é:
(A) 987 (B) 988 (C) 989 (D) 990 (E) 991

8) A figura 7.1 a seguir é composta por 14 palitos divididos igualmente em dois dígitos, como no visor de uma calculadora. Retirando dessa figura exatamente 3 palitos, qual o maior número que é possível formar?

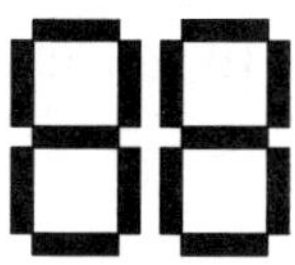

Figura 7.1

(A) 90 (B) 92 (C) 93 (D) 95 (E) 99

9) Uma tora de madeira mais meia tora de madeira com as mesmas dimensões tem massa 27 kg. Qual a massa de cada tora dessas madeiras?
(A) 14 kg (B) 15 kg (C) 16 kg (D) 17 kg (E) 18 kg

10) Que número deve ser adicionado a 2009^2 para obter 2010^2?
(A) 8019 (B) 6010 (C) 4019 (D) 3019 (E) 2010

11) Sejam S e P a soma e o produto, respectivamente, das raízes da equação $x^2 - 5x + 6$. O valor do produto SP é:
(A) 30 (B) 40 (C) 50 (D) 60 (E) 70

12) Em um triângulo ABC, o ângulo interno em A é o dobro do ângulo interno em B. Sabendo que o ângulo interno em C é o triplo do ângulo interno em A, o menor ângulo interno deste triângulo é

(A) 30° (B) 25° (C) 20° (D) 15° (E) 10°

13) $ABCD$ é um quadrado de lado 12 m. Unindo os pontos médios dos lados deste quadrado é obtido um quadrilátero de área igual a:

(A) 72 m^2 (B) 68 m^2 (C) 64 m^2 (D) 56 m^2 (E) 45 m^2

14) O perímetro de um triângulo de lados inteiros é igual a 12 m. O maior valor possível para um dos lados deste triângulo tem medida igual a

(A) 5 (B) 6 (C) 7 (D) 8 (E) 9

15) Uma copiadora XL2010 produz 12000 cópias em 12 horas. Quantas copiadoras XL2010 seriam necessárias para imprimir as 12000 cópias em 4 horas?

(A) 2 (B) 3 (C) 4 (D) 5 (E) 6

Capítulo 8

Matemática 2011/2012

1) Observe a figura 8.1 abaixo.

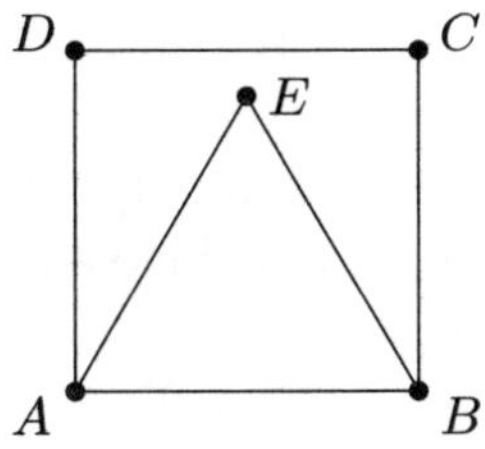

Figura 8.1

Na figura 8.1 apresentada, $ABCD$ é um quadrado e ABE é um triângulo equilátero. Nestas é correto afirmar que o triângulo AED é

(A) retângulo em E
(B) escaleno e com ângulo $A\widehat{E}D = 60°$
(C) isósceles e com ângulo $A\widehat{E}D = 75°$
(D) acutângulo e com ângulo $A\widehat{E}D = 65°$
(E) obtusângulo e com ângulo $A\widehat{E}D = 105°$

2) Somando todos os números inteiros desde -50, inclusive, até 51, inclusive, obtém-se:

(A) -50 (B) -49 (C) 0 (D) 50 (E) 51

3) Analise a representação a seguir figura 8.2.

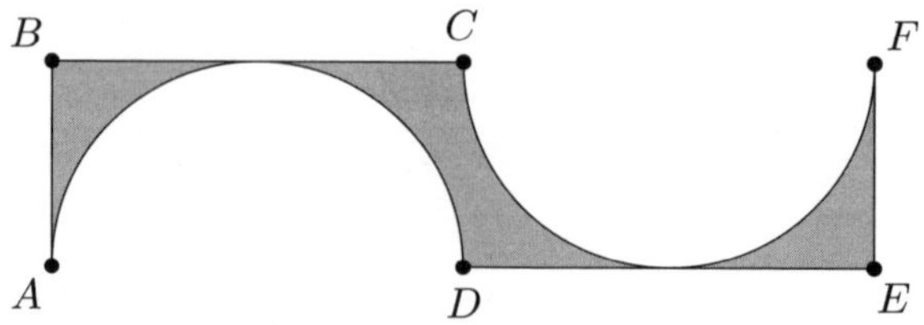

Figura 8.2

Na figura 8.2 acima, $AD = CF = 6$ cm são diâmetros de círculos que tangenciam os segmentos de reta BC e DE, nesta ordem. A área da figura acinzentada, em cm^2, é:

(A) $36 - 12\pi$ (B) $36 - 9\pi$ (C) $18 - 12\pi$ (D) $18 - 9\pi$ (E) $9 - \pi$

4) Sabendo que o número $3045X8$ é divisível por 3, a soma de todos os valores que X pode assumir é:

(A) 12 (B) 11 (C) 10 (D) 9 (E) 8

5) Uma prova possui 15 questões de múltipla escolha, tem valor total igual a 10 e cada tem o mesmo valor. Se um aluno acerta 6 destas 15 questões, qual a nota desse aluno nessa avaliação?

(A) $4,6$ (B) $4,4$ (C) $4,2$ (D) $4,0$ (E) $3,8$

6) Elevando-se o polinômio $\frac{7}{11}x^3 - \sqrt{5}$ à quinta potência, obtém-se um polinômio cujo grau é:

(A) 3 (B) 8 (C) 12 (D) 15 (E) 21

7) Se $2x + 13 = 4y + 9$, então o valor de $6x - 6$ é

(A) $12y - 18$ (B) $10y - 10$ (C) $8y - 12$ (D) $6y - 10$ (E) $4y - 8$

8) O resultado da expressão $\sqrt{96 + \sqrt{7 + \sqrt{81}}}$ é:

(A) 18 (B) 16 (C) 14 (D) 12 (E) 10

9) Observe a figura.8.3 a seguir. Na figura 8.3, observa-se a representação de três níveis da grade de uma cerca quadriculada, cujos quadradinhos têm lados de 10 cm. No total, esta cerca, é composta de 20 níveis iguais aos que foram representados acima. Qual a altura aproximada, em metros, dessa cerca de 20 níveis?

Dados: Se necessário, utilize $\sqrt{2} = 1,4$; $\sqrt{3} = 1,7$.

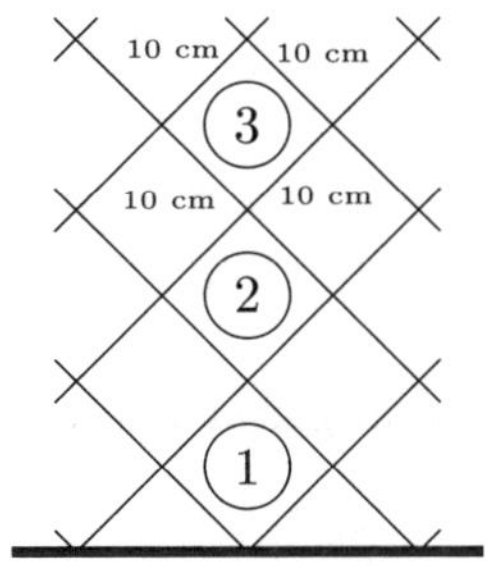

Figura 8.3

(A) $3,4$ (B) $3,1$ (C) $2,8$ (D) $2,5$ (E) $2,2$

10) Dentre as pessoas na sala de espera de um consultório médico, em um determinado momento, uma falou: "Se juntarmos a nós a metade de nós e o médico, seríamos 16 pessoas". Nesse momento, o número de pessoas aguardando atendimento é:

(A) 5 (B) 8 (C) 9 (D) 10 (E) 12

11) Uma pessoa comprou 350 m de arame farpado para cercar seu terreno que tem a forma de um retângulo de lados 12 m e 30 m. Ao contornar todo o terreno uma vez, a pessoa deu a primeira volta no terreno. Quantas voltas completas, no máximo, essa pessoa pode dar nesse terreno antes de acabar o arame comprado?

(A) 2 (B) 3 (C) 4 (D) 5 (E) 6

12) Analise a figura 8.4 abaixo.

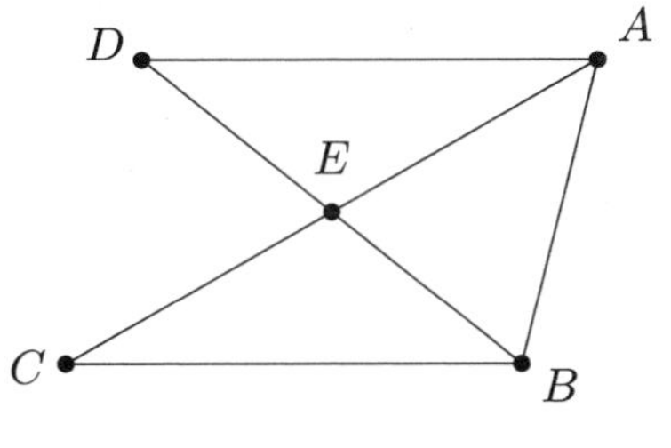

Figura 8.4

Na figura 8.4 apresentada, quantos são os triângulos distintos, com vértices em A, B, C, D ou E, e que estão com todos os seus lados representados na figura?

(A) 1 (B) 2 (C) 3 (D) 4 (E) 5

13) O valor da expressão $(0,11)^2 + 2 \cdot (0,11) \cdot (0,89) + (0,89)^2$ é

(A) 0 (B) 1 (C) 2 (D) 3 (E) 4

14) Observe a resolução de um aluno para a expressão $\left(\frac{1}{2}\right)^{-2} + (-2)^2 - 2^2$.

- LINHA 1: $\left(\frac{1}{2}\right)^{-2} + (-2)^2 - 2^2$
- LINHA 2: $\underbrace{(2^2) + (-2)^2}_{=0} - 2^2$
- LINHA 3: -2^2
- LINHA 4: $-(2 \cdot 2)$
- LINHA 5: -4

Constatou-se acertadamente, que o aluno errou a primeira vez ao escrever a LINHA:

(A) 1 (B) 2 (C) 3 (D) 4 (E) 5

15) Uma bicicleta tem a roda da frente com 1 m de raio, enquanto a roda da traseira tem a metade do raio da outra. Quando a menor percorrer 1 km, a maior percorrerá

(A) $1,0$ km (B) $0,8$ km (C) $0,7$ km (D) $0,6$ km (E) $0,5$ km

Capítulo 9

Matemática 2012/2013

1) Uma aeronave decola fazendo, com a pista plana e horizontal, um ângulo de elevação de $30°$. Após percorrer $1,2$ km, a aeronave se encontra em relação ao solo, a uma altura igual a

(A) 900 m (B) 600 m (C) 500 m (D) 400 m (E) 300 m

2) Sendo a e b raízes reais da equação $x^2 - 4x + 2 = 0$, o valor numérico de $(ab^2 + a^2b)$ é:

(A) 1 m (B) 4 m (C) 5 m (D) 6 m (E) 8 m

3) A solução da equação irracional $\sqrt{1+4x} + x - 1 = 0$ é:

(A) $\{0\}$ (B) $\{6\}$ (C) $\{0,4\}$ (D) $\{0,5\}$ (E) $\{0,6\}$

4) Se seis torneiras iguais enchem um tanque em 420 minutos, em quantos minutos dez torneiras iguais às anteriores enchem este tanque?

(A) 240 m (B) 245 m (C) 250 m (D) 252 m (E) 260 m

5) A figura 9.1 apresenta duas circunferências concêntricas.

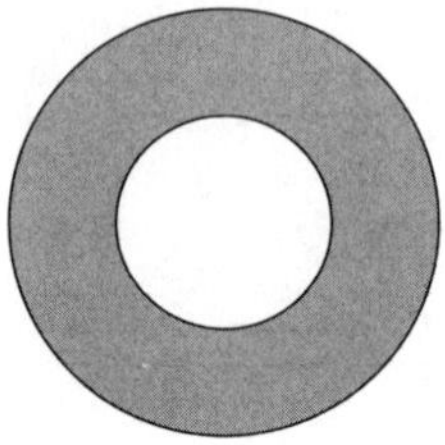

Figura 9.1

Sendo o raio da menor igual a 2 cm e o raio da maior igual a $0,4$ dm, quanto mede a área da coroa circular sombreada?
(A) 12π cm^2 (B) 15π cm^2 (C) 17π cm^2 (D) 19π cm^2 (E) 21π cm^2

6) Duas retas paralelas r e s são cortadas por uma reta transversal t, formando, no mesmo plano, dois ângulos obtusos alternos internos que medem $\left(\frac{x}{2} + 30°\right)$ e $\left(\frac{3x}{5} + 15°\right)$. Então o suplemento de um desses ângulos mede
(A) 75° (B) 80° (C) 82° (D) 85° (E) 88°

7) Na equação $\frac{(a+b)^2-a-b}{a^2+ab-a} = 3$, sendo a e b não nulos, o valor de $\frac{a}{b}$ é:
(A) $0,8$ (B) $0,7$ (C) $0,5$ (D) $0,4$ (E) $0,3$

8) Simplificando a expressão $E = (\sqrt{2+\sqrt{3}}) \cdot (\sqrt{2-\sqrt{3}})$, que valor obtém-se para E?
(A) 4 (B) 3 (C) 2 (D) 1 (E) 0

9) Os valores numéricos do quociente e do resto da divisão de $p(x) = 5x^4 - 3x^2 + 6x - 1$ por $d(x) = x^2 + x + 1$, para $x = -1$ são, respectivamente,
(A) -7 e -12 (B) -7 e 14 (C) 7 e -14 (D) 7 e -12 (E) -7 e 12

10) A área do triângulo retângulo de lados $1,3$ dm, $0,05$ m e $0,012$ dam é
(A) 28 cm^2 (B) 30 cm^2 (C) 32 cm^2 (D) 33 cm^2 (E) 34 cm^2

11) O valor de $k > 0$ na equação $x^2 + 2kx + 16 = 0$, de modo que a diferença entre suas raízes seja 6, é
(A) 2 (B) 3 (C) 4 (D) 5 (E) 7

12) Os ângulos internos de um triângulo são diretamente proporcionais a 2, 7 e 9. Então o menor ângulo interno desse triângulo mede

(A) 90° (B) 80° (C) 70° (D) 40° (E) 20°

13) Uma pessoa que tem, na mão direita, certo número x de moedas, e, na mão esquerda, 9 a mais que na direita leva três moedas da mão direita para a mão esquerda, ficando com 30 moedas nesta mão. De acordo com o exposto, x vale

(A) 24 (B) 20 (C) 18 (D) 13 (E) 12

14) O tempo, em meses, necessário para triplicar um determinado capital, a uma taxa de 5% ao mês, no regime de juros simples é

(A) 40 (B) 45 (C) 50 (D) 60 (E) 80

15) Uma geladeira de R\$ $1.250,00$ passou a custar R\$ $1.100,00$ para pagamento à vista. O preço desta geladeira teve, portanto, um desconto de

(A) 14% (B) 13% (C) 12% (D) 11% (E) 10%

Capítulo 10

Matemática 2013/2014

1) Caso uma televisão de R\$ $915,00$ esteja sendo vendida com um desconto de 28%, quanto se pagará por ela?
(A) R\$ $256,20$
(B) R\$ $649,80$
(C) R\$ $658,80$
(D) R\$ $769,80$
(E) R\$ $889,80$

2) Qual a representação do número 745 em algarismos romanos?
(A) CDXLV (B) DCCXLV (C) DCCXV (D) CDXV (E) DCCCXXV

3) O valor de $X = (20 - 4 \div 2) + (8 \cdot 4 - 2)$ é igual a
(A) 24 (B) 38 (C) 40 (D) 46 (E) 48

4) Qual o conjunto-solução da equação $7x + p = 3x + 7p$, sendo x a incógnita?
(A) $\{2p\}$ (B) $\{\frac{3p}{5}\}$ (C) $\{6p\}$ (D) $\{\frac{2p}{3}\}$ (E) $\{\frac{3p}{2}\}$

5) Sabendo que um determinado serviço é feito, por três marinheiros, em duas horas, em quantos minutos o mesmo serviço será feito por quatro marinheiros?
(A) 90 (B) 95 (C) 100 (D) 110 (E) 120

6) Entre os números naturais 25 e 42, há quantos números primos?
(A) 5 (B) 4 (C) 3 (D) 2 (E) 1

7) Considere que o triângulo ABC é retângulo. Sabendo que $\widehat{A} = 90°$, $\overline{AB} = 12$ cm e $\overline{AC} = 5$ cm, qual é o perímetro, em centímetros, desse triângulo?

(A) 20 (B) 30 (C) 40 (D) 50 (E) 140

8) Se $A = 2 - \frac{1}{4}$ e $B = 5 + \frac{1}{2}$, o valor de $A \div B$ é igual a:

(A) $\frac{7}{44}$ (B) $\frac{22}{7}$ (C) $\frac{7}{11}$ (D) $\frac{7}{22}$ (E) $\frac{77}{8}$

9) Sabendo que um prato, de forma circular, possua um raio igual a 12 cm, qual é o comprimento, em centímetros, de circunferência desse prato?
Dado: $\pi = 3,1$

(A) $37,20$ (B) $44,64$ (C) $64,40$ (D) $74,40$ (E) $80,40$

10) Qual o valor de $Y = \sqrt{32} - \sqrt{8}$?

(A) 1 (B) $\sqrt{2}$ (C) $6\sqrt{2}$ (D) $2\sqrt{6}$ (E) $2\sqrt{2}$

11) Caso se vendam 105 picolés num primeiro dia de trabalho, no segundo, 109 e no terceiro, 118, quantos picolés ainda precisam ser vendidos para se chegar a um total de 400?

(A) 48 (B) 58 (C) 68 (D) 78 (E) 88

12) Em relação ao conjunto dos números inteiros, qual é o conjunto-solução da equação $3x - 4 = 2$?

(A) $\{0\}$ (B) $\{1\}$ (C) $\{2\}$ (D) $\{3\}$ (E) $\{4\}$

13) Se $A = 10°\,20'\,30''$ e $B = 30°\,50'\,10''$, é correto afirmar que o valor de $A + B$ é igual a

(A) $20°\,30'\,20''$
(B) $40°\,59'\,40''$
(C) $41°\,30'\,40''$
(D) $41°\,10'\,40''$
(E) $51°\,10'\,40''$

14) Qual o valor de k, para que a equação $3x^2 - 2x + k = 0$ possua raízes reais e iguais?

(A) $\frac{1}{3}$ (B) $\frac{2}{3}$ (C) 3 (D) $-\frac{1}{3}$ (E) -3

15) Observe a figura 10.1 abaixo.

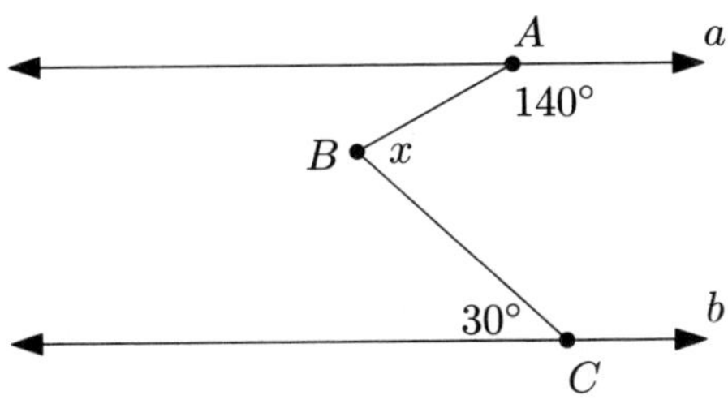

Figura 10.1

Sabendo que a reta a é paralela à reta b, pode-se afirmar que, a partir dos dados da figura acima, o valor do ângulo x é igual a

(A) 10° (B) 30° (C) 50° (D) 70° (E) 100°

Capítulo 11

Matemática 2014/2015

1) A raiz da equação $2 \cdot (3x + 2) = 2 \cdot (4 - x)$ é um número racional
(A) compreendido entre 0 e 1
(B) compreendido entre -1 e 0
(C) menor que -1
(D) maior que 1
(E) igual a 1

2) Em uma divisão entre dois números inteiros o quociente é 8, o divisor é 12 e o resto é o maior possível. Logo, o dividendo será:
(A) 20 (B) 96 (C) 106 (D) 107 (E) 108

3) O gráfico a seguir (figura 11.1) apresenta o resultado de uma coleta seletiva de lixo realizada por uma empresa de limpeza urbana em uma determinada praia do litoral brasileiro.

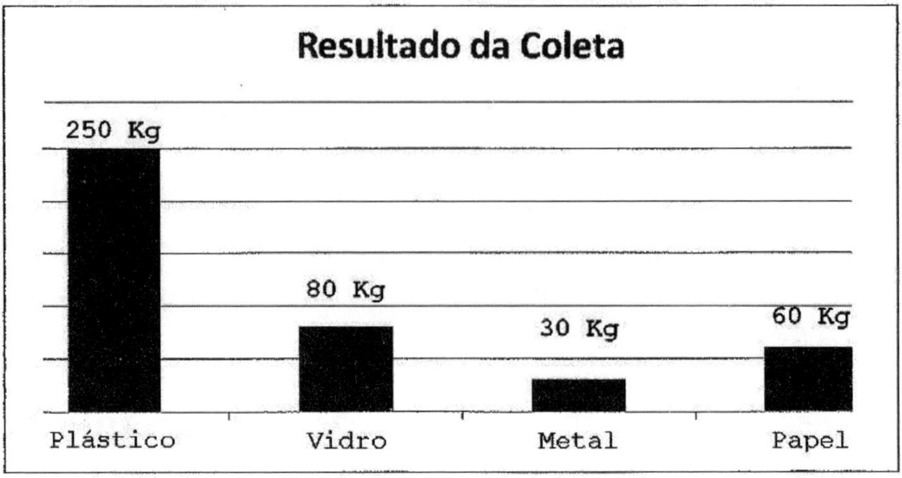

Figura 11.1

De acordo com o gráfico acima, a fração irredutível que representa a quantidade de papel encontrado em relação à quantidade de lixo recolhido foi:

(A) $\frac{5}{6}$ (B) $\frac{2}{3}$ (C) $\frac{3}{5}$ (D) $\frac{3}{8}$ (E) $\frac{1}{7}$

4) Assinale a opção que corresponde ao maior número inteiro que é solução da equação $x^2 - 3x + 2 = 0$.

(A) 5 (B) 4 (C) 3 (D) 2 (E) 1

5) Uma professora de Matemática, durante uma aula, propôs o seguinte problema para sua turma:

"Quando meu filho nasceu, minha idade era um quadrado perfeito compreendido entre 20 e 30. Hoje a idade do meu filho é um cubo perfeito compreendido entre 5 e 10. Qual a soma das nossas idades hoje?"

Assinale a opção que apresenta a solução deste problema.

(A) 45 anos (B) 41 anos (C) 36 anos (D) 30 anos (E) 28 anos

6) Uma câmera fotográfica digital custa R\$ $500,00$ à vista. se for vendida à prazo, o valor passa a ser R\$ $560,00$. Qual o percentual de acréscimo na venda dessa câmera à prazo?

(A) $5,6\%$ (B) 10% (C) 12% (D) 20% (E) 56%

7) Uma pipa ficou presa em um galho de uma árvore e seu fio ficou esticado formando um ângulo de $60°$ com o solo. Sabendo que o comprimento do fio é 50 m, a que altura, aproximadamente, do solo encontrava-se a pipa?
Dado: considere $\sqrt{3} = 1,7$

(A) $15,7$ m (B) 25 m (C) $42,5$ m (D) $50,5$ m (E) 85 m

8) O valor da expressão $\sqrt{13 + \sqrt[3]{25 + \sqrt{8 - \sqrt[3]{64}}}}$ é:

(A) 4 (B) 6 (C) 8 (D) 12 (E) 18

9) O preço da gasolina apresenta uma pequena variação de estado para estado. Sabe-se que um litro de gasolina na cidade que João mora custa R\$ $2,87$ e o seu carro percorre 12 km com um litro desse combustível. Quanto João gastará com gasolina se ele percorrer uma distância de 600 km?

(A) R\$ $68,88$ (B) R\$ $95,78$ (C) R\$ $115,42$ (D) R\$ $125,45$ (E) R\$ $143,50$

10) Analise a figura 11.2 a seguir.

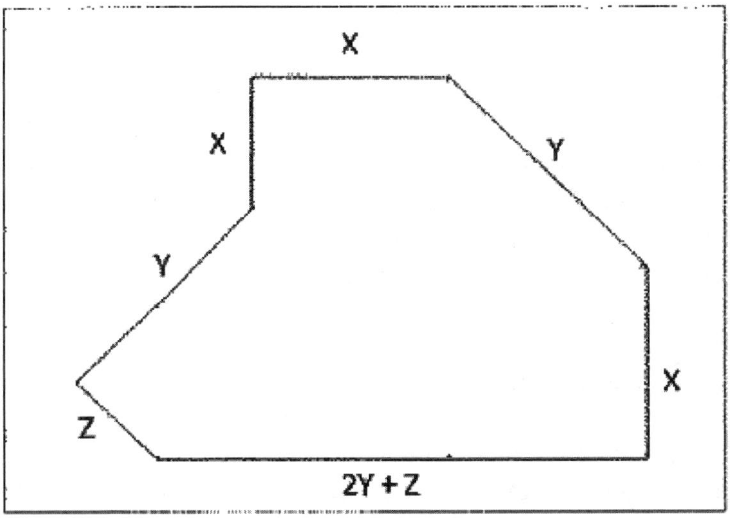

Figura 11.2

Suponha que o terreno comprado por um proprietário tenha a forma da figura acima e suas medidas sejam representadas, em unidades de comprimento pelas

variáveis X, Y e Z. A expressão algébrica que representa o perímetro dessse terreno é:
(A) $2X + 3Y + Z$
(B) $3X + 4Y + 2Z$
(C) $3X + 3Y + Z$
(D) $3X + 2Y + 3Z$
(E) $4X + 3Y + 2Z$

11) Observe a figura 11.3 a seguir.

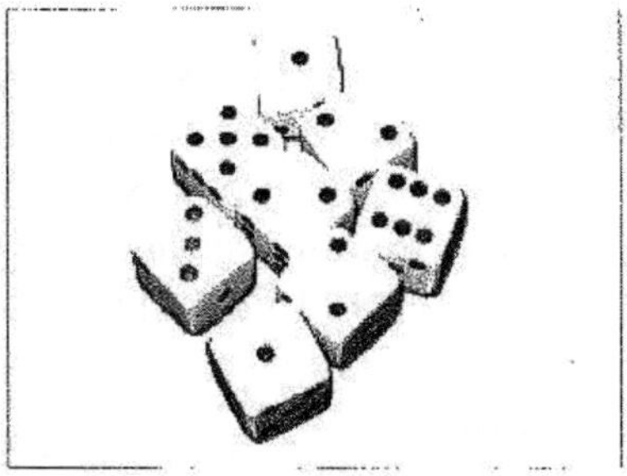

Figura 11.3

Um dado é dito "normal" quando faces opostas somam sete. Dessa forma, a face do número 1 é oposta à face de número 6, a face do número 2 é oposta a de número 5, e a de número 3 é oposta a de número 4. Um jogador lança 8 dados normais sobre uma mesa e observa todas as faces superiores conforme a figura acima. Sendo assim, pode-se afirmar que o somatório das faces opostas às faces superiores dos dados que se encontram na figura é:
(A) 56 (B) 42 (C) 34 (D) 28 (E) 14

12) A seca no nordeste brasileiro é um dos principais problemas que o Brasil enfrenta há anos. Muitas famílias que vivem com essa realidade necessitam armazenar água em reservatórios ou até mesmo andar vários quilômetros em busca de água. Um agricultor fez a aquisição de um reservatório em forma de um bloco retangular de dimensões $2,0$ m de comprimento, $1,5$ m de largura e 1 m de altura que será utilizado para o armazenamento de água. Qual o volume de água, em litros, desse reservatório?
(A) 500 (B) 600 (C) 1000 (D) 3000 (E) 3500

13) Analise a sequência a seguir (figura 11.4).

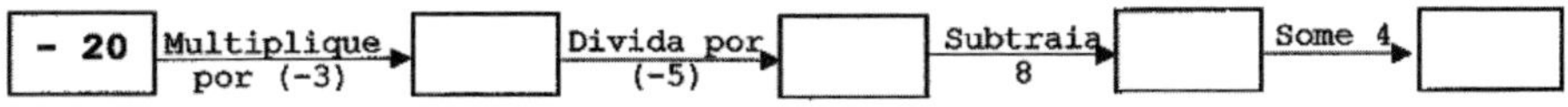

Figura 11.4

Efetuando as operações indicadas na sequência acima, pode-se afirmar que o número escrito no último retângulo será:

(A) -16 (B) -14 (C) -12 (D) 8 (E) 10

14) Observe a figura a seguir (figura 11.5).

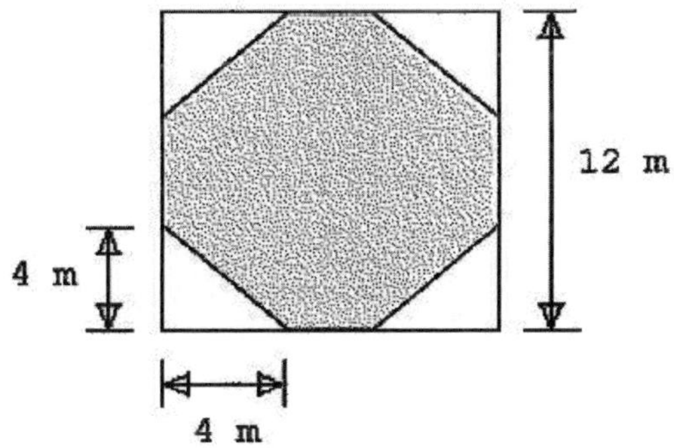

Figura 11.5

Essa figura representa uma praça de eventos na forma de um quadrado de 12 m de lado que teve seu piso revestido com cerâmica branca e cinza. A região revestida pela cerâmica branca foi obtida construindo quatro triângulos retângulos com catetos medindo 4 m em cada uma das extremidades. Quantos metros quadrados de cerâmica cinza foram utilizados na construção dessa praça?

(A) 64 (B) 72 (C) 80 (D) 100 (E) 112

15) Quanto vale a metade de 2^{2014}?

(A) 2^2 (B) 2^7 (C) 2^{1007} (D) 2^{2013} (E) 2^{2015}

Capítulo 12

Matemática 2015/2016

1) Considere que um senhor deseja cercar um terreno retangular de 200 m^2 de área, utilizando 60 metros de arame. Sendo assim, é correto afirmar que o comprimento e a largura, deste terreno, são respectivamente

(A) 50 m e 4 m

(B) 40 m e 5 m

(C) 25 m e 8 m

(D) 20 m e 10 m

(E) 16 m e $12,5$ m

2) Considere que "A" é o conjunto dos números inteiros positivos múltiplos de 3, "B" é o conjunto dos números inteiros positivos múltiplos de 5 e "C" é o conjunto dos números inteiros positivos múltiplos de 12. Sabendo que "D" é o conjunto dos números inteiros formado pela interseção dos três conjuntos, ou seja, D é o conjunto dos números inteiros comuns aos três conjuntos, é correto afirmar que "D" é o conjunto dos números inteiros formado pelos múltiplos de:

(A) 10 (B) 12 (C) 30 (D) 48 (E) 60

3) Os investimentos a juros simples são diretamente proporcionais ao valor do capital inicialmente aplicado e também à quantidade de tempo que o valor fica investido. Ou seja, a taxa de juros simples é sempre aplicada ao capital inicial. Sendo assim, um capital será triplicado ao ser aplicada uma taxa percentual de 5% ao mês depois de:

(A) 4 meses (B) 30 meses (C) 3 anos e 4 meses (D) 4 anos (E) 5 anos

4) Em uma circunferência de diâmetro 40 cm, é traçada uma corda de 24 cm de comprimento. Logo, a distância do centro da circunferência à corda é de:
(A) 8 cm (B) 12 cm (C) 16 cm (D) 20 cm (E) 22 cm

5) Deseja-se revestir com azulejos uma parade sem aberturas, com 8 metros de comprimento por 3 metros de altura. Sabendo que os azulejos têm dimensões 40×40 cm e que há uma perda de 10% na colocação dos mesmos, qual a quantidade de azulejos que se deve adquirir para revestir a parede?
(A) 176 (B) 165 (C) 160 (D) 150 (E) 24

6) O produto $(\sqrt{3}-\sqrt{2})\cdot(\sqrt{3}+\sqrt{2})$ é igual a
(A) 6 (B) 1 (C) 0 (D) -1 (E) -6

7) Um ciclista faz um percurso em 4 horas a uma velocidade constante de 9 km por hora. Se o ciclista dobrar sua velocidade, qual será o tempo necessário para percorrer o mesmo trajeto?
(A) 1 hora (B) 2 horas (C) 3 horas (D) 4 horas (E) 5 horas

8) A área de um círculo é igual a 121π cm^2. O raio deste círculo, em cm, mede:
(A) 121 (B) $60,5$ (C) 21 (D) 11 (E) $5,5$

9) A soma das raízes da equação $4x^2 - 11x + 6 = 0$ é:
(A) $\frac{11}{4}$ (B) 11 (C) 6 (D) $\frac{3}{2}$ (E) 4

10) $\sqrt{75}$ é equivalente a:
(A) $37,5$ (B) 75 (C) $5\sqrt{5}$ (D) $3\sqrt{5}$ (E) $5\sqrt{3}$

11) O valor da expressão $5-3+2\cdot 4-1$ é:
(A) 17 (B) 13 (C) 9 (D) 8 (E) -17

12) Para que a expressão $\sqrt{2x-3}$ seja número real deve-se ter:
(A) $x \geq \frac{3}{2}$ (B) $x \leq \frac{2}{3}$ (C) $x \geq \frac{2}{3}$ (D) $x \geq -3$ (E) $x \leq \frac{3}{2}$

13) A altura de um triângulo equilátero mede 12 cm. O lado deste triângulo, em cm, é:
(A) 8 (B) 12 (C) $8\sqrt{3}$ (D) $12\sqrt{3}$ (E) $16\sqrt{3}$

14) Um avião decola de um aeroporto e sobe segundo um ângulo constante de $15°$ com a horizontal. Na direção do percurso do avião, a 2 km do aeroporto, um garoto observa o avião sobre ele. Qual a altura do avião neste momento?
Dados: $\text{sen}\, 15° = 0,26$, $\cos 15° = 0,96$, $\tan 15° = 0,27$

(A) 960 m (B) 540 m (C) 260 m (D) 96 m (E) 26 m

15) Qual a medida do menor ângulo formado pelos ponteiros de um relógio às 15 horas e 20 minutos?

(A) 12° (B) 15° (C) 20° (D) 30° (E) 35°

Capítulo 13

Matemática 2016/2017

16) Uma bomba hidráulica conseguer encher, em sua capacidade máxima, 2 caixas de água, de 500 litros cada, em 3 horas. Qual o tempo necessário para a mesma bomba, em sua capacidade máxima, encher uma caixa de água de 750 litros?
(A) 2 h 15 min
(B) 2 h 25 min
(C) 3 h 25 min
(D) 3 h 30 min
(E) 4 h 45 min

17) Uma pesquisa sobre a preferência de leitura dos jornais A e B revelou que, dos 400 entrevistados, 190 leem o jornal A e 250 o jornal B. Sabendo que todos os entrevistados leem pelo menos um dos jornais, quantos leem os dois jornais?
(A) 20 (B) 40 (C) 60 (D) 80 (E) 100

18) O conjunto solução no campo dos reais da inequação $3x + 5 > -7x + 3$ é
(A) $\{x \in \mathbb{R} \mid x \geq +\frac{2}{10}\}$
(B) $\{x \in \mathbb{R} \mid x < -\frac{2}{10}\}$
(C) $]-\frac{2}{10}, +\infty[$
(D) $[+\frac{2}{10}, +\infty[$
(E) $]-\infty, -\frac{2}{10}]$

19) Seja $A = 120$, $B = 160$, $x = \text{mmc}(A, B)$ e $y = \text{mdc}(A, B)$, então o valor de $x + y$ é igual a

(A) 460 (B) 480 (C) 500 (D) 520 (E) 540

20) A função $f : \mathbb{R} \longrightarrow \mathbb{R}$ definida por $f(x) = -3x + 6$ é:
(A) crescente para todos os reais
(B) crescente para $x > 2$
(C) decrescente para todos os reais
(D) decrescente para $x < 2$
(E) decrescente para $x \geq 2$

21) A fatoração de $x^2 - (y - 2x)^2$ é:
(A) $(2x - y) \cdot (x - y)$
(B) $(x - y) \cdot (y - 3x)$
(C) $(y - x) \cdot (2x - y)$
(D) $(3x - y) \cdot (y - x)$
(E) $(2x - y) \cdot (3x - y)$

22) O valor de y, em $y = \frac{2}{5} \cdot 2 + 5\frac{3}{2} - \frac{1}{2} \cdot 2$ é igual a:
(A) $6,4$ (B) $6,9$ (C) $7,1$ (D) $7,3$ (E) $8,0$

23) Considere que um trem com 3 vagões de passageiros, cada um com capacidade para 40 passageiros, está com $\frac{2}{8}$ da sua capacidade disponível. Sabendo que $\frac{2}{3}$ dos passageiros são do sexo masculino, determine o número de passageiros do sexo feminino e assinale a opção correta.
(A) 20 (B) 30 (C) 40 (D) 50 (E) 60

24) Dada a função real definida por $f(x) = 6 - 5x$, o valor de $f(2) - 3f(-2)$ é igual a:
(A) -52 (B) -48 (C) -12 (D) $+24$ (E) $+48$

25) A média das raízes da equação $2x^2 - 22x + 56 = 0$ é:
(A) $1,5$ (B) $2,5$ (C) $3,5$ (D) $4,5$ (E) $5,5$

26) Analise a figura 13.1.

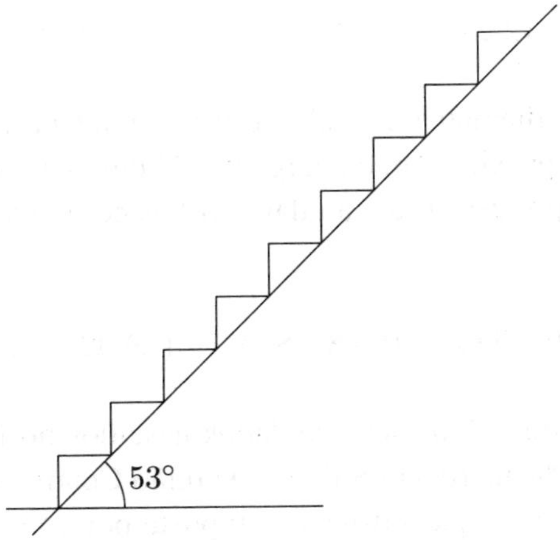

Figura 13.1

Uma escada com 10 degraus, construída sobre uma rampa, conforme a figura 13.1. Deve ligar dois pavimentos de uma casa. Sabendo que o comprimento de cada degrau é igual a 30 cm e a inclinação da rampa com a horizontal é igual a 53°, determine a altura de cada degrau, considerando que o seno de 53° é igual a 0,8 e o cosseno de 53° é igual a 0,6, assinalando a seguir, a opção correta.

(A) 10 cm (B) 20 cm (C) 40 cm (D) 50 cm (E) 60 cm

27) Analise a figura 13.2.

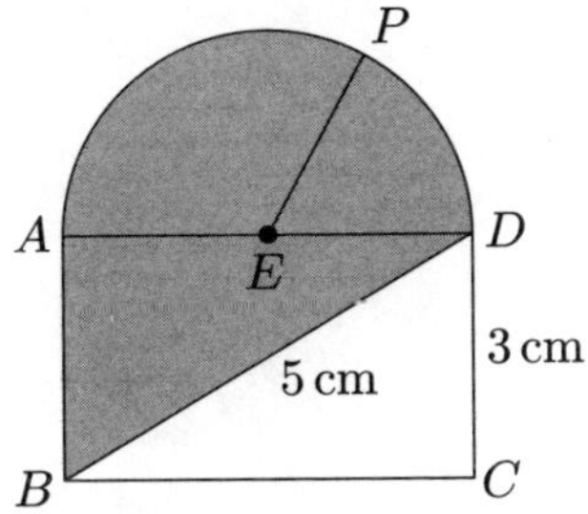

Figura 13.2

Sabendo que EP é raio da semicircunferência de centro em E, como mostra a figura 13.2, determine o valor da área mais escura e assinale a opção correta:
Dado: $\pi = 3$

(A) 10 cm^2 (B) 12 cm^2 (C) 18 cm^2 (D) 22 cm^2 (E) 24 cm^2

28) Sabendo que o diâmetro da roda de uma bicicleta de 29 polegadas (incluindo o pneu) é, aproximadamente, igual a 74 cm, determine a distância, em metros, percorrida por essa roda, ao dar 4 voltas completas sem nenhum deslize.

Dado: $\pi = 3$

(A) $5,55$ m (B) $6,66$ m (C) $8,88$ m (D) $328,55$ m (E) $438,08$ m

29) Uma tropa possui 7% de seus soldados nascidos no Norte do país, 15% na reião Sudeste, 10% na região Sul, 3% na reião Centro-oeste e o restante no Nordeste. Considerando que a tropa é composta por 140 soldados, determine quantos são do nordeste e assinale a opção correta:

(A) 83 (B) 87 (C) 90 (D) 91 (E) 93

30) Um estudante pagou um lanche de 8 reais em moedas de 50 centavos e 1 real. Sabendo que, para este pagamento, o estudante utilizou 12 moedas, determine, respectivamente, as quantidades de moedas de 50 centavos e de um real que foram utilizadas no pagamento do lanche e assinale a opção correta:

(A) 5 e 7 (B) 4 e 8 (C) 6 e 6 (D) 7 e 5 (E) 8 e 4

Capítulo 14

Matemática 2017/2018

16) Sendo $x - \frac{2}{x} = a$, então $x^2 + \frac{4}{x}$ é igual a:
(A) $a^2 + 4$ (B) $a^2 - 4$ (C) a^2 (D) $a + 4$ (E) $a - 4$

17) Analise a figura 14.1 a seguir:

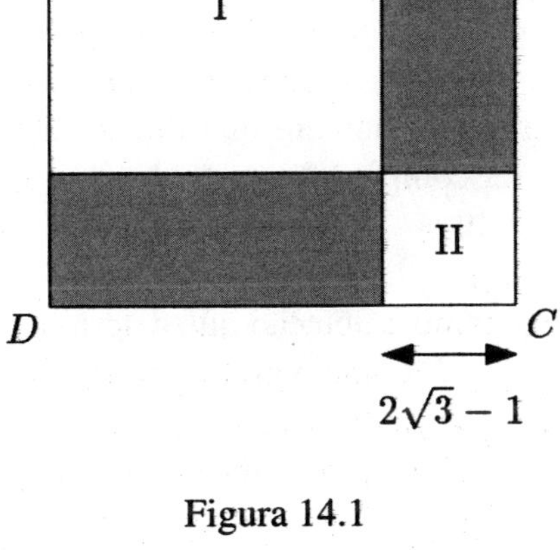

Figura 14.1

Calcule a soma das áreas em cinza da figura 14.1 sabendo que os polígonos I e II são quadrados, e assinale a opção correta:

(A) $22\sqrt{3}$ (B) 22 (C) $13 + 4\sqrt{3}$ (D) 11 (E) $11\sqrt{3}$

Observe a figura 14.2 a seguir:

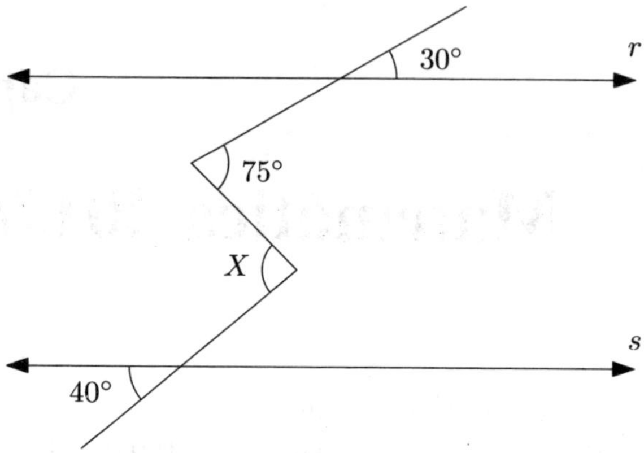

Figura 14.2

18) Sabendo que na figura 14.2 as retas r e s são paraleleas é correto afirmar que o valor de x é igual a:
(A) 90° (B) 85° (C) 80° (D) 75° (E) 70°

19) Deseja-se azulejar, até o teto, as 4 paredes de uma cozinha. Sabe-se que a cozinha possui 2 portas medindo 210 cm de altura e 80 cm de largura cada uma, e uma janela com 150 cm de altura e 110 cm de comprimento. O comprimento, a largura e a altura da cozinha são iguais a $5,0$ m, $4,0$ m e $3,0$ m, respectivamente. Determine o número mínimo de metros quadrados inteiros de azulejos que devem ser comprados e assinale a opção correta: (A) 42 (B) 43 (C) 49 (D) 55 (E) 58

20) Considerando $n(P)$ como a notação que determina o número de elementos de um conjunto P, $A \times B$ como o produto cartesiano entre dois conjuntos finitos A e B e sabendo-se ainda que $n(A) = 2x - 3$, $n(B) = x - 5$ e $n(A \times B) = x^2 + 10x - 27$, é correto afirmar que o valor numérico de x é:
(A) um número primo.
(B) um múltiplo de 5.
(C) um múltiplo de 7.
(D) um múltiplo de 11.

(E) um múltiplo de 13.

21) Seja a função real f definida por $f(x) = \frac{x+k}{p}$. Sabendo-se que $f(3) = 2$ e $f(5) = 4$, determine o valor de $k + p$ e assinae a opção correta:
(A) 0 (B) 1 (C) 2 (D) 3 (E) 4

22) Sabendo-se que A e B são subconjuntos finitos de U, que $\overline{A}$ é a notação para a operação complementar de A em relação a U, que $\overline{A} = \{q, r, s, t, u\}$, $A \cap B = \{o, p\}$ e $A \cup B = \{m, n, o, p, q, r\}$, é correto afirmar que:
(A) A tem dois elementos e B tem quatro elementos.
(B) A tem quatro elementos e B tem dois elementos.
(C) A tem três elementos e B tem três elementos.
(D) A tem quatro elementos e B tem quatro elementos.
(E) A tem um elementos e B tem cinco elementos.

23) Sabendo que a fração $\frac{y}{4}$ é proporcional à fração $\frac{3}{6-2\sqrt{3}}$, é correto afirmar que y é igual a:
(A) $1 - 2\sqrt{3}$ (B) $6 + 3\sqrt{3}$ (C) $2 - \sqrt{3}$ (D) $4 + 3\sqrt{3}$ (E) $3 + \sqrt{3}$

24) A soma de um número x com o dobro de um número y é -7; e a diferença entre o triplo desse número x e o número y é igual a 7. Sendo assim é correto afirmar que o produto xy é igual a:
(A) -15 (B) -12 (C) -10 (D) -4 (E) -2

25) O número natural $N = 2^3 \cdot 3^p$ possui 20 divisores positivos. Sendo assim, o valor de p é:
(A) 2 (B) 3 (C) 4 (D) 5 (E) 6

26) Apoiado em dois pilares construídos sobre um terrreno plano e distantes 3 m um do outro, constrói-se um telhado, cuja inclinação é de $30°$ em relação ao piso. Se o pilar de menor altura mede 4 metros, qual a altura do outro pilar? Dado $\sqrt{3} = 1,7$.
(A) $5,5$ m (B) $5,7$ m (C) $6,0$ m (D) $6,5$ m (E) $6,9$ m

27) Um colecionador de seloscriou um catálogo de selos em uma pasta com 20 páginas numeradas de 1 a 20, cada um com 15 selos, distribuídos em 5 linhas e 3 colunas. Os selos foram numerados de 1 a 300. Nesse catágolo, alguns selos são considerados raros e ocupam as posições 9ª, 18ª, 27ª, 36ª e assim suces-

sivamente. Depois que o catálogo for compleado com todos os selos é correto afirmar que o número da última página que terminará com um selo raro será:
(A) 9 (B) 11 (C) 12 (D) 18 (E) 20

28) No dia 17-10-2016, à zero hora, iniciou-se mais uma vez o horário de verão no Rio de Janeiro, que tem sido usado com o objetivo de economizar energia elétrica nos momentos de pico e evitar sobrecarga no sistema. No dia 16-10-2016, um avião partiu de St. John's Canadá, com destino ao Rio de Janeiro. A saída aconteceu às 21 h e 45 min e o voo teve duração de 13 h e 45 min. Considerando que entre St. John's e Rio de Janeiro não há diferença de fuso horário, a que horas o avião chegou ao Rio de Janeiro?
(A) 9 h e 30 min
(B) 10 h e 30 min
(C) 11 h e 15 min
(D) 11 h e 45 min
(E) 12 h e 30 min

29) Observe a figura 14.3.

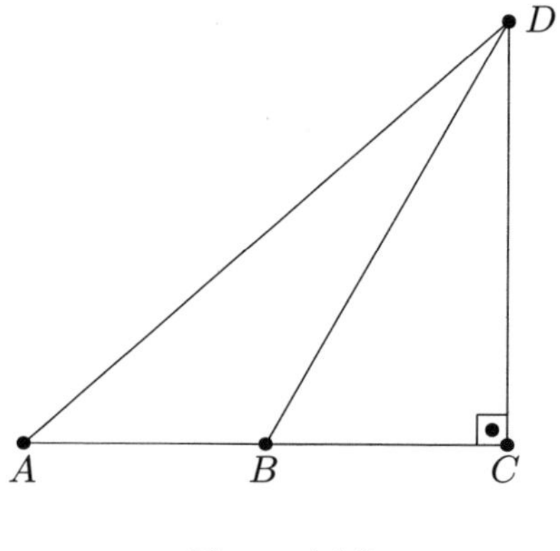

Figura 14.3

Na figura 14.3, tem-se um triângulo isósceles ACD, no qual o segmento $\overline{AB}$, mede 3 cm, o lado desigual AD mede $10\sqrt{2}$ cm e os segmentos $\overline{AC}$ e $\overline{CD}$ são perpendiculares. Sendo assim, é correto afirmar que o segmento $\overline{BD}$ mede:
(A) $\sqrt{53}$ cm (B) $\sqrt{97}$ cm (C) $\sqrt{111}$ cm (D) $\sqrt{149}$ cm (E) $\sqrt{161}$ m

30) A área de um retângulo corresponde à expressão $k^2 - 10k - 24$ quando $k = 36$, sendo assim, calcule suas dimensões e assinale a opção correta.

(A) 38 e 24 (B) 36 e 32 (C) 63 e 24 (D) 54 e 38 (E) 32 e 24

31) Observe a figura 14.4.

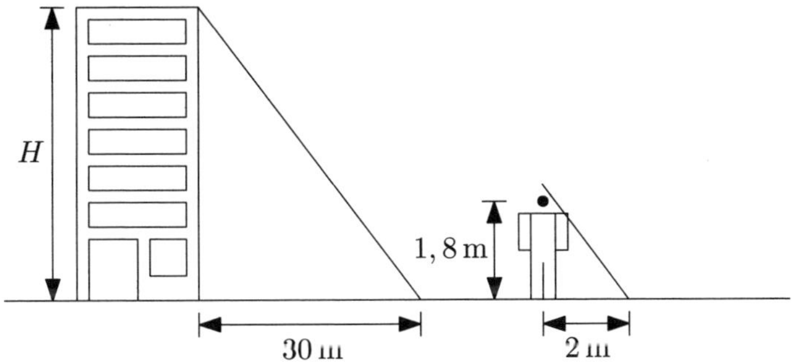

Figura 14.4

Um prédio projeta no solo uma sombra de 30 m de extensão no mesmo instante em que uma pessoa de $1,80$ m projeta uma sombra de $2,0$ m. Pode-se afirmar que a altura do prédio vale:

(A) 27 m (B) 30 m (C) 33 m (D) 36 m (E) 40 m

Parte II

Soluções

Capítulo 15

Matemática 2004/2005

1) Solucionando a equação do 2º grau em questão:

$$-2x^2 + 32x - 56 = 0$$

Daí:

$$\Delta = 32^2 - 4 \cdot (-2) \cdot (-56)$$

Logo:

$$\Delta = 1024 - 448 \Rightarrow \Delta = 576$$

Continuando:

$$x_{1,2} = \frac{-(32) \pm \sqrt{576}}{2 \cdot (-2)}$$

O que nos dará duas soluções:

$$\begin{cases} x_1 = \frac{-32+24}{-4} \Rightarrow x_1 = \frac{-8}{-4} \Rightarrow x_1 = 2 \\ x_2 = \frac{-32-24}{-4} \Rightarrow x_2 = \frac{-56}{-4} \Rightarrow x_2 = 14 \end{cases}$$

Como a unidade está em milhares, temos 2000 ou 14000. Portanto, opção A.

2) Passando a capacidade do reservatório para litros, teremos $5,4\,\text{m}^3 = 5400\,\text{dm}^3 =$ 5400 litros. Basta, então, resolver a regra de três:

Litros		Tempo (min)
15	—	1
5400	—	x

Daí:

$$x = \frac{5400}{15} \Rightarrow x = 360 \text{ minutos}$$

Então, opção C.

3) Primeiro, prolongamos $\overline{DE}$ até encontrar $\overline{QO}$; como $\overline{DE} \parallel \overline{OP}$ temos $C\widehat{D}E \cong P\widehat{O}Q = 35°$. Tracemos ainda uma paralela a $\overline{DE}$ – e, consequentemente paralela à $\overline{AB}$ – passando por C, como vemos na figura 15.1.

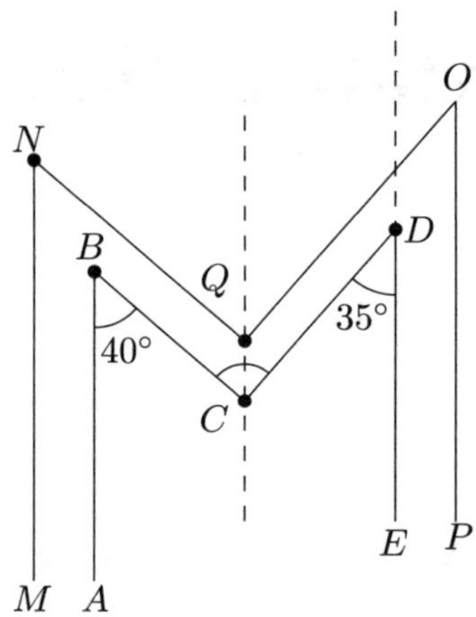

Figura 15.1: Traçamos uma paralela a DE e a AB, passando pelo ponto C.

OBSERVAÇÃO: Não necessariamente esta nova paralela passará por Q.

Agora, fica fácil perceber que o ângulo $B\widehat{C}D$ é a soma $40° + 35°$, pois estes ângulos são alternos internos das paralelas $\overline{AB}$ e $\overline{DE}$, respectivamente. Opção E.

4) O que temos neste problema é uma porcentagem de uma porcentagem, pois 40% dos 21% (dos 10.000 que participaram da pesquisa) que usaram acupuntura pararam de fumar, ou seja, $\frac{40}{100} \cdot \frac{21}{100} \cdot 10000 = 40 \cdot 21 = 840$ pessoas. Chegamos então à opção A.

5) A área S que desejamos calcular, na verdade, é a de um quadrado de lado 8, subtraída de um semicírculo de raio 2 e de um triângulo de base 2 e altura $\sqrt{3}$. Assim:

$$S = 8^2 - \frac{\pi \cdot 2^2}{2} - \frac{2 \cdot \sqrt{3}}{2} \Rightarrow S = 64 - 2\pi - \sqrt{3}$$

Continuando:

$$S = 64 - 2 \cdot 3,1 - 1,7 \Rightarrow S = 64 - 6,2 - 1,7 \Rightarrow S = 56,1$$

Opção B.

6) A área da árvore é dada pela expressão:

$$S = \frac{b \cdot h}{2}$$

Fazendo um desenho simplificado da árvore:

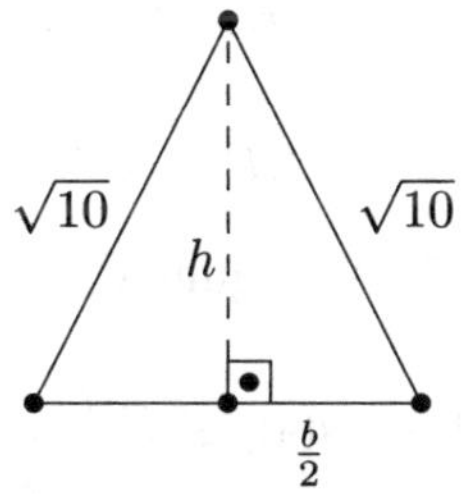

Figura 15.2: Desenho simplificado da árvore representado por um triângulo isósceles de base b e altura h.

Aplicando o Teorema de Pitágoras na figura 15.2 anterior:

$$\left(\sqrt{10}\right)^2 = \left(\frac{b}{2}\right)^2 + h^2$$

$$\frac{b^2}{4} + h^2 = 10$$

Como b e h são números naturais (inteiros positivos), eles obrigatoriamente pertencem ao conjunto $\{1, 2, 3\}$, pois a hipotenusa do triângulo formado por h, $\frac{b}{2}$ e $\sqrt{10} \approx 3,16$ é maior que h e $\frac{b}{2}$. Além disso, S deve ser a menor possível, por inspeção, descobrimos que $b = 2$ e $h = 3$. A área então fica:

$$S = \frac{2 \cdot 3}{2} \Rightarrow S = 3\text{m}^2$$

Como cada metro quadrado custa R\$ $8,00$ teremos um custo mínimo de R\$ $24,00$. Opção B.

7) Seja A a quantia inicial de Antônio e P a quantia inicial de Pedro. De acordo com o enunciado temos a seguinte tabela:

	Antônio	Pedro
Inicial	A	P
1ª doação	$A - P$	$P + P$
2ª doação	$A - P + A - P$	$2P - (A - P)$

Como, após a segunda doação, as quantias são iguais:

$$A - P + A - P = 2P - (A - P)$$

$$2A - 2P = 2P - A + P \Rightarrow 3A = 5P$$

Como cada um inicia a viagem com R\$ 1800,00 a quantia de Antônio após a segunda doação:

$$2A - 2P = 1800$$

Substituindo a primeira equação na segunda:

$$2 \cdot \frac{5P}{3} - 2P = 1800 \Rightarrow \frac{10P - 6P}{3} = 1800$$

Continuando:

$$4P = 3 \cdot 1800 \Rightarrow P = \frac{3 \cdot 1800}{4} \Rightarrow P = 1350$$

Substituindo em alguma das equações:

$$A = \frac{5P}{3} \Rightarrow A = 2250$$

Opção E.

8) Vamos, antes de começar a resolver a expressão, calcular o valor de $x = 1,363636\ldots$:

$$x = 1 + 0,363636\ldots$$

Fazendo $y = 0,363636\ldots$ teremos:

$$100y = 36,363636\ldots \Rightarrow 100y = 36 + 0,363636\ldots$$

Ou seja, $100y = 36 + y$ e:

$$99y = 36 \Rightarrow y = \frac{36}{99}$$

Voltando a x:

$$x = 1 + \frac{36}{99} \Rightarrow x = \frac{99+36}{99} \Rightarrow x = \frac{135}{99}$$

Voltando à expressão original E:

$$E = \frac{\frac{135}{99} \times 2\frac{1}{5} - (0,5)^2}{\left(\sqrt{2}\right)^{-4}} = \frac{\frac{135}{99} \times \left(2 + \frac{1}{5}\right) - \left(\frac{5}{10}\right)^2}{\left(\frac{1}{\sqrt{2}}\right)^4} = \frac{\frac{135}{99} \times \left(\frac{10+1}{5}\right) - \left(\frac{1}{2}\right)^2}{\left(\frac{1}{\sqrt{16}}\right)}$$

Continuando:

$$E = \frac{\frac{135}{99} \times \left(\frac{11}{5}\right) - \left(\frac{1}{4}\right)}{\left(\frac{1}{4}\right)} = \frac{\frac{27}{9} \times \left(\frac{1}{1}\right) - \left(\frac{1}{4}\right)}{\frac{1}{4}} = \frac{\frac{27 \cdot 4 - 9}{36}}{\frac{1}{4}} = \frac{\frac{108-9}{36}}{\frac{1}{4}} = \frac{99}{36} \cdot \frac{4}{1} = 11$$

Finalmente, opção E.

9) O maior valor para u será aquele que é divisor de 60 e 126 simultaneamente, ou seja, $\text{MDC}(60, 126)$. Usando o algoritmo de Euclides:

	2	
126	60	6
6	0	

O $\text{MDC}(60, 126) = 6$ e há 10 câmeras na Avenida B ($60 \div 6 = 10$) e $126 \div 6 = 21$ na Avenida A, pelo mesmo motivo. O total de câmeras então será de 31. Opção C.

10) Como o triângulo ABC é retângulo em A, sua área S pode ser calculada como:

$$S = \frac{60\sqrt{2} \cdot 140\sqrt{2}}{2}$$

Sabemos que a área S de um triângulo qualquer com lados a e b e ângulo α entre estes lados é calculada pela expressão:

$$S = \frac{a \cdot b \cdot \operatorname{sen} \alpha}{2}$$

Aplicando no nosso problema, a área S pode ser calculada como se segue:

$$S = \frac{140\sqrt{2} \cdot (DA) \cdot \operatorname{sen} 45^\circ}{2} + \frac{60\sqrt{2} \cdot (DA) \cdot \operatorname{sen} 45^\circ}{2}$$

Como as duas áreas calculadas devem ser iguais, temos:

$$\frac{60\sqrt{2}\cdot 140\sqrt{2}}{2}=\frac{140\sqrt{2}\cdot (DA)\cdot \operatorname{sen}45^\circ}{2}+\frac{60\sqrt{2}\cdot (DA)\cdot \operatorname{sen}45^\circ}{2}$$

Continuando:

$$\frac{60\sqrt{2}\cdot 140\sqrt{2}}{2}=\frac{140\sqrt{2}\cdot (DA)\cdot \frac{\sqrt{2}}{2}}{2}+\frac{60\sqrt{2}\cdot (DA)\cdot \frac{\sqrt{2}}{2}}{2}$$

$$\frac{60\cdot 140}{2}=\frac{140\cdot (DA)\cdot \frac{1}{2}}{2}+\frac{60\cdot (DA)\cdot \frac{1}{2}}{2}$$

$$\frac{60\cdot 140}{2}=\frac{140\cdot (DA)}{4}+\frac{60\cdot (DA)}{4}$$

$$\frac{200\cdot (DA)}{4}=\frac{60\cdot 140}{2}$$

E finalmente:

$$\frac{DA}{2}=\frac{6\cdot 14}{2}\Rightarrow DA=6\cdot 14\Rightarrow DA=84\,\text{cm}$$

Passando a medida para metros $DA=0,84\,\text{m}$. Opção B.

11) Vamos chamar de SB a revista "saúde a bordo" e VM a revista "vida marinha". Veja o diagrama de Venn na figura 15.3.

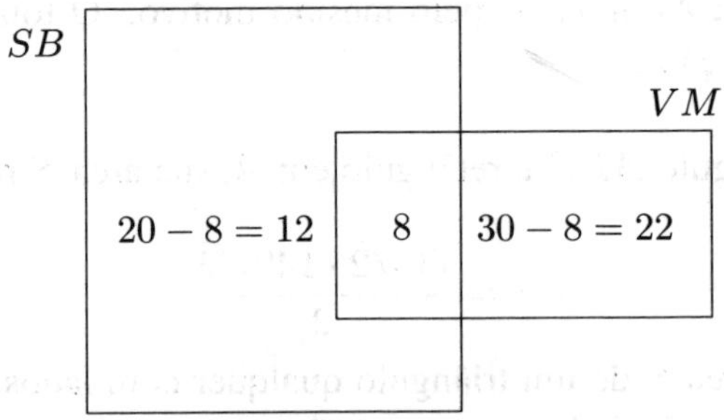

Figura 15.3: Diagrama de Venn representando os dados da pesquisa.

O número de pessoas que respondeu a pesquisa foi, portanto:

$$n=20-8+8+30-8+14$$

$$n=20+30+6\Rightarrow n=56$$

Opção A.

12) O problema pode ser resolvido com uma regra de três, mas é muito mais simples que isso. Na ida cada dólar valia R$ 2,90, então:

$$1000 \times 2,90 = 2900$$

Ou seja, ela gastou R$ 2.900,00 para comprar os dólares. Na volta ele vendeu cada dólar por R$ 2,70, então:

$$1000 \times 2,70 = 2700$$

Ou seja, ela só recebeu R$ 2.700,00. Houve então um prejuízo de R$ 200,00. Ficamos, portanto com a opção C.

13) Seja p o primeiro colocado; s, o segundo e t o terceiro. De acordo com o enunciado:

$$\begin{cases} p = 82 \\ s = 78 \\ t - 78 = \frac{t-82}{3} \end{cases}$$

Resolvendo a terceira equação:

$$3t - 234 = t - 82 \Rightarrow 3t - t = 234 - 82 \Rightarrow 2t = 152 \Rightarrow t = 76$$

Opção D.

14) A soma S das raízes de uma equação do 2º grau do tipo $ax^2 + bx + c = 0$ é sempre dada pela expressão $S = -\frac{b}{a}$. Então:

$$S = -\frac{-\left(2\sqrt{2} + 2\right)}{\sqrt{2}}$$

Racionalizando esta expressão:

$$S = -\frac{-\left(2\sqrt{2} + 2\right)}{\sqrt{2}} \cdot \frac{\sqrt{2}}{\sqrt{2}} = \frac{2 \cdot 2 + 2\sqrt{2}}{2} = \frac{4 + 2\sqrt{2}}{2} = 2 + \sqrt{2}$$

Opção D.

15) Como o número deve ser divisível por 3, a soma de seus algarismos deve ser da forma $3k$, em que k é inteiro e positivo, em outras palavras:

$$2 + 1 + 3 + a + 4 + 6 = 3k \Rightarrow a + 16 = 3k$$

Substituindo os possíveis de k:

$$k = 0 \Rightarrow a + 16 = 3 \cdot 0 \Rightarrow a = -16$$

$$k = 1 \Rightarrow a + 16 = 3 \cdot 1 \Rightarrow a = -13$$

$$k = 2 \Rightarrow a + 16 = 3 \cdot 2 \Rightarrow a = -10$$

$$k = 3 \Rightarrow a + 16 = 3 \cdot 3 \Rightarrow a = -7$$

$$k = 4 \Rightarrow a + 16 = 3 \cdot 4 \Rightarrow a = -4$$

$$k = 5 \Rightarrow a + 16 = 3 \cdot 5 \Rightarrow a = -1$$

$$k = 6 \Rightarrow a + 16 = 3 \cdot 6 \Rightarrow a = 2$$

$$k = 7 \Rightarrow a + 16 = 3 \cdot 7 \Rightarrow a = 5$$

$$k = 8 \Rightarrow a + 16 = 3 \cdot 8 \Rightarrow a = 8$$

$$k = 9 \Rightarrow a + 16 = 3 \cdot 9 \Rightarrow a = 11$$

Como a está entre 0 e 9, só há três valores possíveis para a. A soma destes valores é $2 + 5 + 8 = 15$, então opção C.

Capítulo 16

Matemática 2005/2006

1) A ideia da questão é, a partir de um quadrado, retirar uma área de 20% que tem o formato de um setor circular de um quarto de círculo. Veja a figura 16.1 abaixo:

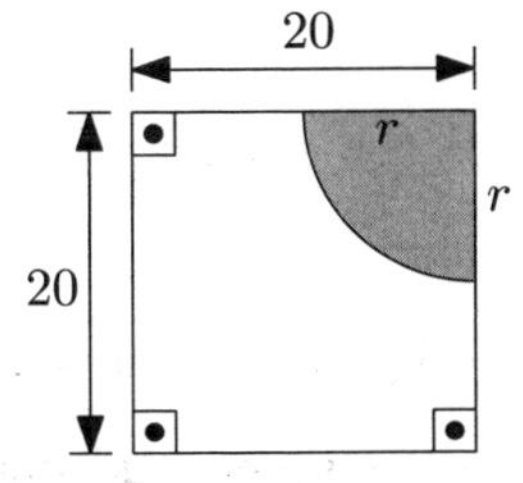

Figura 16.1

A área do quadrado:

$$S = 20^2 \Rightarrow S = 400\ \text{m}^2$$

Queremos que 20% seja um setor circular de $90°$:

$$\frac{1}{4}\pi r^2 = \frac{20}{100} \cdot 400 \Rightarrow r^2 = \frac{80 \cdot 4}{\pi} \Rightarrow r^2 = \frac{320}{3,14} \Rightarrow r^2 \approx 100 \Rightarrow r \approx 10\ \text{m}$$

Opção E.

2) De acordo com o enunciado temos a seguinte equação:

$$x - 3 = 2\sqrt{x}$$

Elevando ao quadrado ambos os lados da igualdade e, resolvendo a equação resultante:

$$x^2 - 6x + 9 = 4x \Rightarrow x^2 - 10x + 9 = 0$$

Continuando com o discriminante:

$$\Delta = (-10)^2 - 4 \cdot 1 \cdot 9$$

Logo:

$$\Delta = 100 - 36 \Rightarrow \Delta = 64$$

Então teremos:

$$x_{1,2} = \frac{-(-10) \pm \sqrt{64}}{2 \cdot 1}$$

Continuando:

$$\begin{cases} x_1 = \frac{10+8}{2} \Rightarrow x_1 = \frac{18}{2} \Rightarrow x_1 = 9 \\ x_2 = \frac{10-8}{2} \Rightarrow x_2 = \frac{2}{2} \Rightarrow x_2 = 1 \end{cases}$$

Testando os valores:

$$x - 3 = 2\sqrt{x} \Rightarrow 1 - 3 = 2\sqrt{1} \Rightarrow -2 = 2 \rightarrow \text{Falso}$$

E

$$x - 3 = 2\sqrt{x} \Rightarrow 9 - 3 = 2\sqrt{9} \Rightarrow 6 = 2 \cdot 3 \rightarrow \text{Verdadeiro}$$

Só há, portanto, uma solução que é um número ímpar e não primo. Opção D.

3) O triângulo ABC é isósceles e, portanto $AB \cong AC$, então o ângulo $\widehat{A}$ mede 40° e os ângulos $\widehat{B}$ e $\widehat{C}$ são iguais e valem 70° cada um. Da mesma maneira, ΔXBY é um triângulo isósceles com $BX \cong BY$ e, como $\widehat{B}$ vale 70°, os outros dois ângulos valem 55° cada um. O mesmo vale para o triângulo ΔCZY. Portanto, o ângulo pedido vale 70°, pois a soma vale 180°. Opção D.

4) Para encontrar a largura da rua, precisamos calcular os catetos x e y adjacentes aos ângulos de 45° e 60°, respectivamente:

$$\cos 45° = \frac{x}{10} \Rightarrow x \approx 7,07 \text{ m}$$

E:

$$\cos 60° = \frac{y}{10} \Rightarrow y = 5 \text{ m}$$

Somando x e y

$$x + y = 7,07 + 5 \Rightarrow x + y = 12,07 \text{ m}$$

Opção D.

5) Seja c o "peso" do copo e a o "peso" da água, temos as equações:

$$\begin{cases} a + c = 325 \\ \frac{a}{2} + c = 180 \end{cases}$$

Da primeira equação temos $a = 325 - c$. Substituindo na segunda equação:

$$\frac{325 - c}{2} + c = 180$$

$$\frac{325 - c + 2c}{2} = 180 \Rightarrow 325 + c = 360$$

$$c = 360 - 325 \Rightarrow c = 35$$

Opção C.

6) Sejam c os tiros com acerto no alvo e e, os tiros com erro. Podemos elaborar o seguinte sistema de equações:

$$\begin{cases} c + e = 25 \\ 0,4c - 0,1e = 0,5 \end{cases}$$

Da primeira equação, temos $e = 25 - c$. Substituindo na segunda equação:

$$0,4c - 0,1\,(25 - c) = 0,5 \Rightarrow 0,4c - 2,5 + 0,1c = 0,5$$

Daí:

$$0,5c = 0,5 + 2,5 \Rightarrow c = \frac{3}{0,5} \Rightarrow c = 6$$

Para calcular a porcentagem P de acertos fazemos: $P = \frac{6}{25} = 0,24 = 24\%$.
Opção B.

7) Seja c o preço de compra, v o preço de venda e x o número de maças vendidas. Então:

$$c = \frac{0,75}{2}$$

E:

$$v = \frac{3,00}{6}$$

Comprando x maçãs e as vendendo, queremos lucro de $50,00$:

$$x\left(\frac{3}{6} - \frac{0,75}{2}\right) = 50 \Rightarrow x\left(\frac{1}{2} - \frac{0,75}{2}\right) = 50 \Rightarrow x\left(\frac{1-0,75}{2}\right) = 50$$

$$x\left(\frac{0,25}{2}\right) = 50 \Rightarrow x = \frac{100}{0,25} \Rightarrow x = 400$$

Opção C.

8) A área de um triângulo de base b e altura h é calculada pela expressão:

$$S = \frac{b \cdot h}{2}$$

Para os três triângulos a base e a altura são os lados do retângulo que os circunscreve, portanto, as áreas são todas iguais. Opção D.

9) De acordo com o enunciado, podemos encontrar o total T de sargentos em função de n:

$$200 + 160 + n = T$$

Mas sabemos também que:

$$n = \frac{2}{5}T$$

Daí:

$$360 + n = \frac{5}{2}n \Rightarrow \frac{5n - 2n}{2} = 360$$

E:

$$\frac{3n}{2} = 360 \Rightarrow 3n = 720 \Rightarrow n = 240$$

Fatorando n encontraremos $n = 2^4 \cdot 3 \cdot 5$ que podemos escrever com sendo: $n = 2 \cdot 8 \cdot 15$. Opção A.

10) As medidas em centímetros serão 880 cm e 760 cm. As lajotas máximas serão o MDC destes valores, ou seja, MDC $(880, 760)$. Daí:

	1	6	3
880	760	120	40
120	40	0	

As lajotas deverão ter, portanto, 40 cm de lado. Opção D.

11) Seja E a expressão dada:

$$E = ac + 2bc - ad - 2bd \Rightarrow E = ac - ad + 2bc - 2bd$$

Continuando:

$$E = a\left(c - d\right) + 2b\left(c - d\right) \Rightarrow E = \left(a + 2b\right)\left(c - d\right)$$

Opção A.

12) Seja x o valor sacado, teremos a seguinte equação:

$$x + \frac{5}{100} \cdot x = 2100$$

Resolvendo:

$$\frac{100x + 5x}{100} = 2100 \Rightarrow \frac{105x}{100} = 2100 \Rightarrow 105x = 210000 \Rightarrow x = 2000$$

Opção B.

13) Se a maquete está na escala $1 : 500$, significa que 1 unidade na maquete resulta em 500 unidades da mesma medida no tamanho real. As medidas "reais" então serão:

- Largura: $8 \times 500 = 4000$ mm
- Comprimento: $10 \times 500 = 5000$ mm
- Altura: $8 \times 500 = 4000$ mm

Como 1 litro é igual a 1 decímetro cúbico, passamos as medidas para decímetros e depois calculamos o volume:

- Largura: 40 dm
- Comprimento: 50 dm
- Altura: 40 dm

Calculando o volume V (supondo o recipiente em forma de paralelepípedo):

$$V = 40 \times 50 \times 40 \Rightarrow V = 80000 \, \text{litros}$$

Opção E.

14) Solução 1: O triângulo em questão é retângulo, basta verificar que $15^2 = 12^2 + 9^2$. Ou ainda que o mesmo tem lados proporcionais a 3, 4 e 5, que é um triângulo pitagórico. Teremos então a figura 16.2 abaixo:

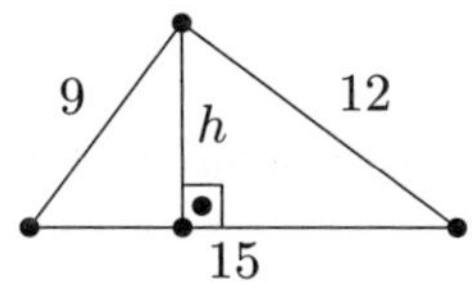

Figura 16.2

Em que h é altura relativa à hipotenusa. Lembrando que vale a relação métrica no triângulo retângulo de hipotenusa a, catetos b e c e altura relativa a hipotenusa h:

$$bc = ah$$

OBSERVAÇÃO: pode-se demonstrar esta relação usando semelhança de triângulos. Aplicando ao problema:

$$9 \cdot 12 = 15 \cdot h \Rightarrow h = \frac{9 \cdot 12}{15} \Rightarrow h = \frac{3 \cdot 12}{5} \Rightarrow h = 7,2 \, \text{cm}$$

Solução 2: Podemos usar o radical de Heron para calcular a área S usando o semiperímetro p:

$$S = \sqrt{p\,(p-a)\,(p-b)\,(p-c)}$$

Calculando o semiperímetro:

$$p = \frac{15 + 12 + 9}{2} \Rightarrow p = \frac{36}{2} \Rightarrow p = 18$$

Como a área pode ser calculada usando a base e a altura:

$$S = \frac{15 \cdot h}{2}$$

Comparando as duas áreas:

$$\sqrt{18\,(18-15)\,(18-12)\,(18-9)} = \frac{15 \cdot h}{2}$$

$$\sqrt{18 \cdot 3 \cdot 6 \cdot 9} = \frac{15 \cdot h}{2} \Rightarrow 18 \cdot 3 = \frac{15 \cdot h}{2}$$

$$18 = \frac{5 \cdot h}{2} \Rightarrow h = \frac{36}{5} \Rightarrow h = 7,2\ \text{cm}$$

Opção B.

15)

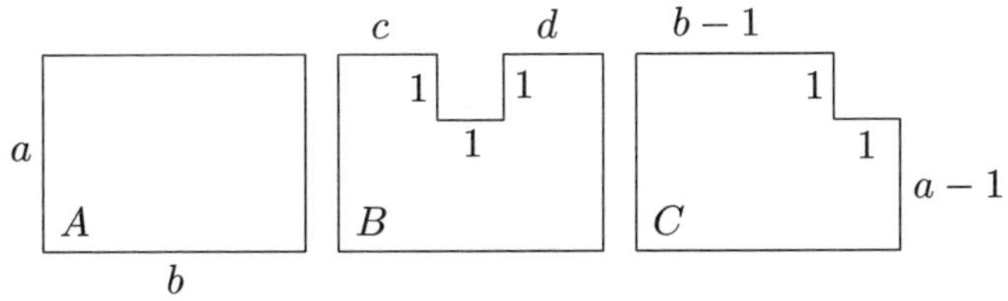

Figura 16.3

Por observação da figura 16.3 anterior, vemos que A e C possuem o mesmo perímetro, pois o "recorte" em C possui lados congruentes aos da figura retirada. Isto não ocorre com B. No entanto, abaixo faremos uma solução mais formal. Vamos calcular os respectivos perímetros:

$$2p_A = a + b + a + b \Rightarrow 2p_A = 2\,(a+b)$$

$$2p_B = a+b+a+\underbrace{c+1+d}_{=b}+1+1 \Rightarrow 2p_B = 2a+2b+2 \Rightarrow 2p_B = 2\,(a+b+1)$$

$$2p_C = a + b + a - 1 + b - 1 + 1 + 1 \Rightarrow 2p_C = 2a + 2b \Rightarrow 2p_C = 2\,(a+b)$$

Portanto, $2p_A = 2p_C \neq 2p_B$. Opção B.

Capítulo 17

Matemática 2006/2007

1) O quadrado $ABCD$ tem perímetro 64 cm, logo o outro quadrado $WXYZ$ tem perímetro $2p$ igual a 128. Como o perímetro é a soma dos 4 lados, então teremos:

$$2p = 4L \Rightarrow L = \frac{128}{4} \Rightarrow L = 32 \text{ cm}$$

Opção E.

2) Queremos que:

$$\left(x^2 + mx\right)\left(x^2 - x\right) + nx^2 = x^4 - 3x^3 + 7x^2$$

Desenvolvendo a expressão do lado esquerdo:

$$x^4 - x^3 + mx^3 - mx^2 + nx^2 = x^4 - 3x^3 + 7x^2$$

Agrupando os termos semelhantes:

$$x^4 + (-1 + m)\,x^3 + (-m + n)\,x^2 = x^4 - 3x^3 + 7x^2$$

Igualando os coeficientes teremos:

$$\begin{cases} -1 + m = -3 \\ -m + n = 7 \end{cases}$$

Da primeira equação:

$$m = 1 - 3 \Rightarrow m = -2$$

Substituindo na segunda equação:

$$-(-2)+n=7 \Rightarrow n=5$$

Então:

$$m+n=-2+5 \Rightarrow m+n=3$$

Opção B.

3) Antes de qualquer cálculo devemos lembrar que um aumento de 20% sobre uma grandeza x pode ser calculado como se segue:

$$x+\frac{20}{100}x=x+0,2x=1,2x$$

Analogamente para o aumento de 60%. Temos uma regra de três composta:

Distância (km)		Tempo (h)		Velocidade (km/h)
40	—	8	—	5
$40\cdot 1,2$	—	x	—	$5\cdot 1,6$

A distância em relação ao tempo de viagem é uma grandeza diretamente proporcional. Entretanto a velocidade é inversamente proporcional ao tempo gasto na viagem, logo:

$$\frac{8}{x}=\frac{40}{40\cdot 1,2}\cdot\frac{5\cdot 1,6}{5}$$

Resolvendo esta equação teremos:

$$\frac{8}{x}=\frac{1,6}{1,2} \Rightarrow \frac{8}{x}=\frac{4}{3} \Rightarrow x=6 \text{ horas}$$

Opção B.

4) O que queremos é $V>0$, ou seja:

$$-3(6-x)>0 \Rightarrow -18+3x>0 \Rightarrow 3x>18 \Rightarrow x>6$$

Opção E.

5) Resolvendo cada inequação separadamente temos:

(1)

$$2(2x+3)+5>1$$

$$4x+6+5>1 \Rightarrow 4x>-10 \Rightarrow x>-\frac{5}{2}$$

O conjunto solução da inequação (1) é, portanto:

$$S_1=\{-2,-1,0,1,2,3\ldots\}$$

(2)

$$3(-2+x)-2<1$$

$$-6+3x-2<1 \Rightarrow 3x<1+8 \Rightarrow x<3$$

O conjunto solução da inequação (2) é, portanto:

$$S_2=\{\ldots-2,-1,0,1,2\}$$

Calculando $S_1 \cap S_2$ encontramos:

$$S_1 \cap S_2=\{-2,-1,0,1,2\}$$

Opção D.

6) Seja a expressão dada:

$$\left(3^{-4}\cdot 9^4 : 3^{-6}\right) : \left(81 : 3^{-2}\right)$$

Reescrevendo teremos:

$$\frac{\left(\frac{3^{-4}.9^4}{3^{-6}}\right)}{\left(\frac{81}{3^{-2}}\right)}=\frac{\left(\frac{3^{-4}.\left(3^2\right)^4}{3^{-6}}\right)}{\left(\frac{3^4}{3^{-2}}\right)}=\frac{3^{-4+8-(-6)}}{3^{4-(-2)}}=3^{10-6}=3^4$$

Opção B.

7) Solução 1: Na figura do enunciado, seja b a base e h a altura do triângulo ABC. Traçando h e destacando os respectivos ângulos ficamos com a figura 17.1, em que temos dois triângulos isósceles ABM e AMC.

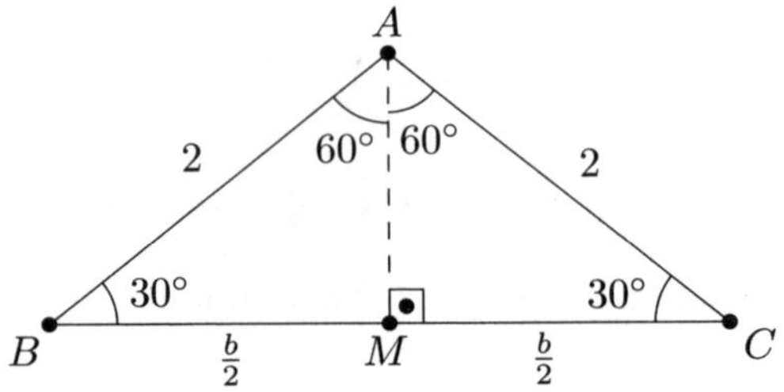

Figura 17.1

No triângulo retângulo ABM:

$$\operatorname{sen} 30^\circ = \frac{h}{2} \Rightarrow \frac{1}{2} = \frac{h}{2} \Rightarrow h = 1\,\text{cm}$$

$$\cos 30^\circ = \frac{\frac{b}{2}}{2} \Rightarrow \frac{\sqrt{3}}{2} = \frac{b}{4} \Rightarrow b = 2\sqrt{3}\,\text{cm}$$

Calculando a área do triângulo:

$$S = \frac{b \cdot h}{2} \Rightarrow S = \frac{2\sqrt{3} \cdot 1}{2} \Rightarrow S = \sqrt{3}\,\text{cm}^2$$

Solução 2: Quando conhecemos dois lados a e b de um triângulo e o ângulo α entre estes lados, podemos calcular a área de um triângulo através da expressão:

$$S = \frac{a \cdot b \cdot \operatorname{sen} \alpha}{2}$$

Aplicando ao problema:

$$S = \frac{2 \cdot 2 \cdot \operatorname{sen} 120^\circ}{2} \Rightarrow S = \frac{4 \cdot \frac{\sqrt{3}}{2}}{2} \Rightarrow S = 2 \cdot \frac{\sqrt{3}}{2} \Rightarrow S = \sqrt{3}\,\text{cm}^2$$

Opção B.

8) Prolongando a reta p até encontrarmos as retas t e s, teremos a figura 17.2 na qual destacamos os pontos A, B, C, D, E e F e os ângulos importantes.

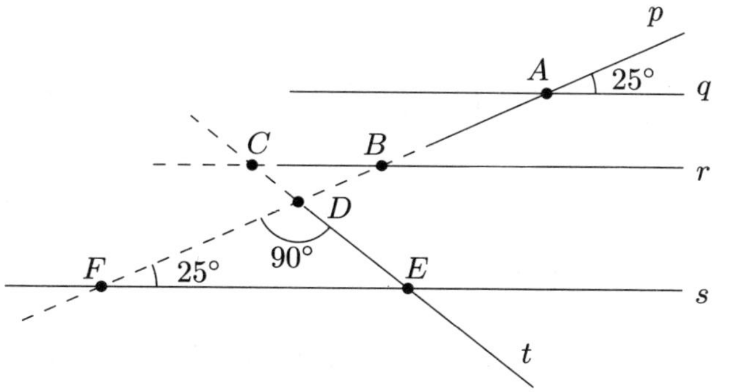

Figura 17.2

Como $q \parallel r$ e $r \parallel s$, por transitividade, temos $q \parallel s$ e, além disso, o ângulo $D\widehat{F}E = 25°$. O triângulo FDE é retângulo em D, pois, como dito no enunciado $p \perp t$, portanto, $D\widehat{E}F = 90° - 25° = 65°$. Como os ângulos distintos formados entre as retas t e s são suplementares (somam $180°$), o ângulo obtuso entre o segmento FE e a reta t mede $115°$. Opção E.

9) Como vemos na figura 17.3, em que temos um losango, as diagonais se interceptam no ponto médio formando um ângulo de $90°$. Como a diagonal

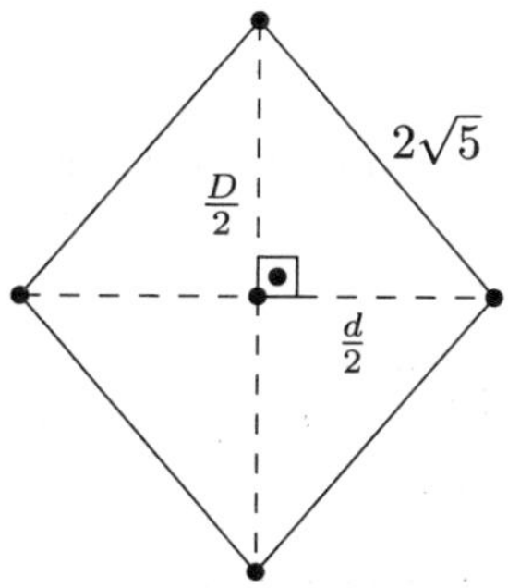

Figura 17.3

maior D é o dobro da menor d, ou seja, $D = 2d$, temos a seguinte expressão para o teorema de Pitágoras, visto na figura:

$$D^2 + d^2 = (2\sqrt{5})^2$$

Desenvolvendo:

$$\left(\frac{2d}{2}\right)^2 + \left(\frac{d}{2}\right)^2 = \left(2\sqrt{5}\right)^2 \Rightarrow \frac{4d^2}{4} + \frac{d^2}{4} = 20$$

Continuando:

$$\frac{5d^2}{4} = 20 \Rightarrow d^2 = \frac{80}{5} \Rightarrow d^2 = 16 \Rightarrow d = \pm 4$$

Como $d > 0$ só usaremos o valor positivo, isto é $d = 4$. Como $D = 2d$, teremos $D = 8$. A soma das diagonais será, portanto:

$$D + d = 8 + 4 \Rightarrow D + d = 12$$

Opção D.

10) Sabemos que $(x+y)^2 = x^2 + 2xy + y^2$ então:

$$a = \sqrt{6} + 1 \Rightarrow a^2 = \left(\sqrt{6} + 1\right)^2$$

Desenvolvendo:

$$a^2 = \left(\sqrt{6}\right)^2 + 2\sqrt{6} + 1^2 \Rightarrow a^2 = 7 + 2\sqrt{6}$$

E

$$b = \frac{1}{\sqrt{2}} + \sqrt{3} \Rightarrow b^2 = \left(\frac{1}{\sqrt{2}} + \sqrt{3}\right)^2$$

Desenvolvendo:

$$b^2 = \left(\frac{1}{\sqrt{2}}\right)^2 + \frac{2\sqrt{3}}{\sqrt{2}} + \left(\sqrt{3}\right)^2 \Rightarrow b^2 = \frac{1}{2} + 3 + \frac{2\sqrt{3}}{\sqrt{2}}$$

Racionalizando a segunda parcela da soma:

$$b^2 = \frac{1+6}{2} + \frac{2\sqrt{3}}{\sqrt{2}} \cdot \frac{\sqrt{2}}{\sqrt{2}} \Rightarrow b^2 = \frac{7}{2} + \frac{2\sqrt{6}}{2} \Rightarrow b^2 = \frac{7}{2} + \sqrt{6}$$

Calculando $a^2 + b^2$:

$$a^2 + b^2 = 7 + 2\sqrt{6} + \frac{7}{2} + \sqrt{6}$$

$$a^2 + b^2 = \frac{14 + 7}{2} + 3\sqrt{6}$$

$$a^2 + b^2 = \frac{21}{2} + 3\sqrt{6}$$

Opção A.

11) De acordo com o diagrama temos as seguintes equações:

$$\begin{cases} y = 3x \\ z = y + 12 \\ x = \frac{z}{4} \end{cases}$$

Da terceira equação vem $z = 4x$. Colocando z e y em função de x e substituindo na segunda equação, teremos:

$$4x = 3x + 12 \Rightarrow x = 12$$

Da primeira equação:

$$y = 36$$

Da terceira:

$$z = 48$$

Portanto:

$$x + y = 12 + 36 \Rightarrow x + y = 48$$

Opção C.

12) Vamos resolver cada uma separadamente:

(1) Como é uma equação fracionária, vamos primeiro calcular a condição de existência (ou conjunto-universo):

$$x + 2 \neq 0 \Rightarrow x = -2$$

E

$$2x + 4 \neq 0 \Rightarrow x = -2$$

Então:

$$\frac{2}{x + 2} = \frac{3}{2x + 4} \Rightarrow 4x + 8 = 3x + 6 \Rightarrow x = -2$$

Logo, o conjunto solução é vazio. Isto invalida a proposta da questão, uma vez que não há valor para x, não é possível calcular $y - x$. No entanto, vamos calcular y assim mesmo.

(2) Condição de existência:

$$2y + 2 \neq 0 \Rightarrow y \neq -1$$

Então:

$$\frac{y+16}{2y+2} = 3 \Rightarrow y + 16 = 6y + 6 \Rightarrow -5y = -10 \Rightarrow y = 2$$

Porém, como vimos, não há opção válida. Sem Opção.

13) Traçando a altura DH do trapézio teremos a figura 17.4.

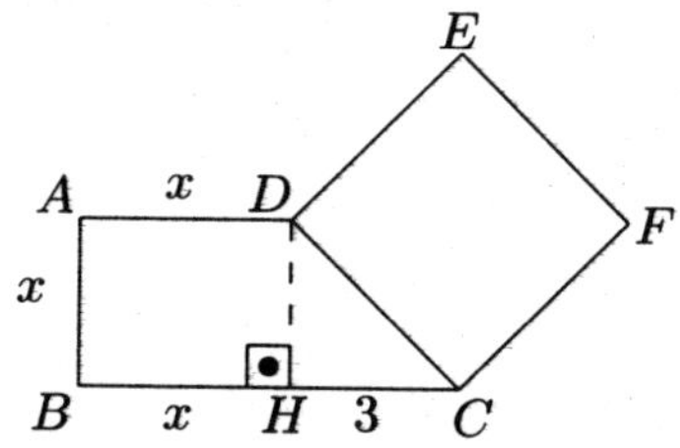

Figura 17.4

OBSERVAÇÃO: Para que tenhamos $DH = x$ o trapézio precisa ser retângulo, o que não é dito no problema, mas faremos esta suposição, por ora. Daí, como o triângulo DHC é retângulo em H:

$$(DC)^2 = x^2 + 9$$

A área do trapézio:

$$S = \frac{(b+B)\cdot h}{2} \Rightarrow S = \frac{(x+x+3)\,x}{2} \Rightarrow S = \frac{2x^2+3x}{2}$$

Somando com a área do quadrado, temos a área total S_T:

$$S_T = \frac{2x^2+3x}{2} + x^2 + 9 \Rightarrow S_T = \frac{2x^2+3x+2x^2+18}{2}$$

$$S_T = \frac{4x^2+3x+18}{2}$$

Isto nos dá como resposta a opção C. Vamos analisar o caso em que o trapézio não é retângulo. A figura então fica (figura 17.5):

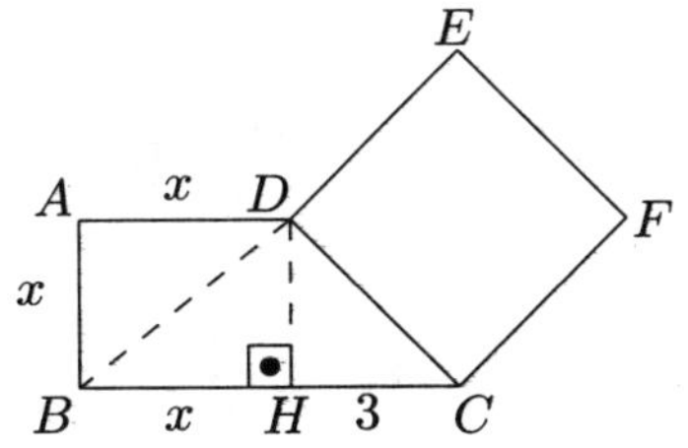

Figura 17.5

Agora precisamos calcular DH e DC para encontrarmos a área do trapézio e do quadrado respectivamente. O triângulo DHC é retângulo em H:

$$(DC)^2 = (DH)^2 + (HC)^2$$

Ligando BD teremos o triângulo ABD, cuja área pode ser calculada em função de DH:

$$S_{ABD} = \frac{x \cdot (DH)}{2}$$

A área do triângulo BCD é dada por:

$$S_{BCD} = \frac{(x+3) \cdot (DH)}{2}$$

A área do quadrado:

$$S_{CDEF} = (DC)^2$$

Note que há mais variáveis que equações. Somando as áreas anteriores teremos justamente a área do trapézio e nos faltará uma equação para relacionar DC com HC. Portanto, a questão só tem solução se considerarmos AB perpendicular à BC. Opção C.

14) Uma equação do segundo grau só tem raízes reais e distintas se $\Delta > 0$. Vamos analisar cada alternativa:
(A) $2x^2 + 6x - 20 = 0$

$$\Delta = 6^2 - 4 \cdot 2 \cdot (-20) \Rightarrow \Delta = 36 + 160 \Rightarrow \Delta = 196 \Rightarrow \Delta > 0$$

(B) $3x^2 - 12x + 12 = 0$

$$\Delta = (-12)^2 - 4 \cdot 3 \cdot 12 \Rightarrow \Delta = 144 - 144 \Rightarrow \Delta = 0$$

(C) $-x^2 + 5x - 10 = 0$

$$\Delta = 5^2 - 4 \cdot (-1) \cdot (-10) \Rightarrow \Delta = 25 - 40 \Rightarrow \Delta = -15 \Rightarrow \Delta < 0$$

(D) $-2x^2 - 12x - 18 = 0$

$$\Delta = (-12)^2 - 4 \cdot (-2) \cdot (-18) \Rightarrow \Delta = 144 - 144 \Rightarrow \Delta = 0$$

(E) $x^2 + 4 = 0$

$$\Delta = 0^2 - 4 \cdot 1 \cdot 4 \Rightarrow \Delta = 16 \Rightarrow \Delta < 0$$

Opção A.

15) Seja s o preço do salgado e r o preço do refrigerante. De acordo com o enunciado temos as seguintes equações:

$$\begin{cases} 5s + 3r = 13 \\ 4s + 4r = 12 \end{cases}$$

Primeiro vamos dividir a segunda equação por 4:

$$\begin{cases} 5s + 3r = 13 \\ s + r = 3 \end{cases}$$

Agora vamos multiplicar a segunda equação por 3:

$$\begin{cases} 5s + 3r = 13 \\ 3s + 3r = 9 \end{cases}$$

Subtraindo a primeira da segunda equação:

$$5s - 3s + 3r - 3r = 13 - 9 \Rightarrow 2s = 4 \Rightarrow s = 2$$

Substituindo em qualquer equação:

$$2 + r = 3 \Rightarrow r = 1$$

Respondendo então a questão:

$$2s + r = 2 \cdot 2 + 1 \Rightarrow 2s + r = 5$$

Opção C.

Capítulo 18

Matemática 2007/2008

1) Fazendo a divisão de A por B teremos:

$$\frac{A}{B} = \frac{3 - \sqrt{3}}{-1 + \sqrt{3}}$$

Racionalizando teremos:

$$\frac{A}{B} = \frac{3 - \sqrt{3}}{-1 + \sqrt{3}} \cdot \frac{(-1 - \sqrt{3})}{(-1 - \sqrt{3})} = \frac{-3 - 3\sqrt{3} + \sqrt{3} + 3}{1 + \sqrt{3} - \sqrt{3} - 3} = \frac{-2\sqrt{3}}{-2} = \sqrt{3}$$

Opção B.

2) Seja x a quantidade que o primo de Pedro tem, então:

$$\frac{40}{100} \cdot 260 = \frac{25}{100} \cdot x \Rightarrow 40 \cdot 260 = 25 \cdot x \Rightarrow x = \frac{40 \cdot 260}{25}$$

Simplificando,

$$x = \frac{8 \cdot 260}{5} \Rightarrow x = \frac{8 \cdot 52}{1} \Rightarrow x = 416$$

Opção E.

3) Seja E a expressão dada:

$$E = [(4 + 5) + 3 \cdot 7] \div (5 \cdot 1 + 5) + (60 - 5 \cdot 12)$$

Desenvolvendo:

$$E = [9 + 21] \div (5 + 5) + (60 - 60) \Rightarrow E = [30] \div (10) + 0$$

Logo $E = 3$. Opção A.

4) Como a corda tem 20 metros, um dos pedaços será de tamanho x e o outro de tamanho $20 - x$. Cada quadrado terá lado igual a $\frac{1}{4}$ do comprimento do fio, ou seja, um quadrado terá lado igual a $\frac{x}{4}$ e o outro $\frac{20-x}{4}$. A diferença entre as áreas vale $5\ \text{m}^2$ ou seja:

$$\left(\frac{x}{4}\right)^2 - \left(\frac{20-x}{4}\right)^2 = 5$$

Desenvolvendo a expressão:

$$\frac{x^2}{16} - \frac{400 - 40x + x^2}{16} = 5$$

$$\frac{x^2 - 400 + 40x - x^2}{16} = 5$$

$$x^2 - 400 + 40x - x^2 = 80 \Rightarrow -400 + 40x = 80 \Rightarrow 40x = 480 \Rightarrow x = 12$$

Os pedaços têm 12 m e 8 m cada um. Logo os quadrados têm lado 3 m e 2 m respectivamente e áreas $9\ \text{m}^2$ e $4\ \text{m}^2$ da mesma forma. Opção E.

5) Basta escrevermos a seguinte equação:

$$4 \cdot 204 + x = 1130$$

Onde x é a entrada a ser dada. Solucionando a equação teremos:

$$x = 1130 - 816 \Rightarrow x = 314$$

Opção D.

6) Para cada opção, vamos colocar as parcelas na mesma unidade da resposta final:

(A) $600\ \text{m} + 5\ \text{m} = 605\ \text{m}$

(B) $0,22\ \text{m} + 4,5\ \text{m} = 4,75\ \text{m}$

(C) $730\ \text{m} - 46\ \text{m} = 684\ \text{m}$

(D) $56\ \text{m} + 18\ \text{m} = 74\ \text{m}$

(E) $0,2\text{ m} + 0,325\text{ m} = 0,525\text{ m}$
Opção C.

7) Vamos resolver a equação do segundo grau:

$$3x^2 - 13x - 10 = 0$$

Calculando o discriminante:

$$\Delta = (-13)^2 - 4 \cdot 3 \cdot (-10) \Rightarrow \Delta = 169 + 120 \Rightarrow \Delta = 289$$

Portanto:

$$x_{1,2} = \frac{-(-13) \pm \sqrt{289}}{2 \cdot 3} \Rightarrow \begin{cases} x_1 = \frac{13+17}{6} \Rightarrow x_1 = \frac{30}{6} \Rightarrow x_1 = 5 \\ x_2 = \frac{13-17}{6} \Rightarrow x_2 = \frac{-4}{6} \Rightarrow x_2 = \frac{-2}{3} \end{cases}$$

Como uma medida deve ser um número positivo, temos que o lado do quadrado vale 5 e, portanto, sua área vale:

$$S = 5^2 \Rightarrow S = 25\text{ cm}^2$$

Opção B.

8) Vamos fatorar cada polinômio:

1. $3x^2 + 6x = 3x\,(x + 2)$
2. $x^3 + 4x^2 + 4x = x\left(x^2 + 4x + 4\right) = x(x + 2)^2$

A definição do MMC é:

> "Produto dos fatores comuns e não comuns de maior expoente de cada forma fatorada"

Sendo assim:

$$\text{MMC}\left(3x^2 + 6x, x^3 + 4x^2 + 4x\right) = 3 \cdot x \cdot (x + 2)^2$$

Opção B.

9) Dividir um número y por um número não nulo x é o mesmo que multiplicar pelo seu inverso, ou seja:

$$\frac{y}{x} = y \cdot \frac{1}{x}$$

Usando isto nos dados do enunciado:

$$\frac{y}{25} = y \cdot \frac{1}{25} = y \cdot 0,04$$

Opção D.

10) A figura formada é um triângulo retângulo de catetos 16 cm e 12 cm. Veja abaixo (figura 18.1):

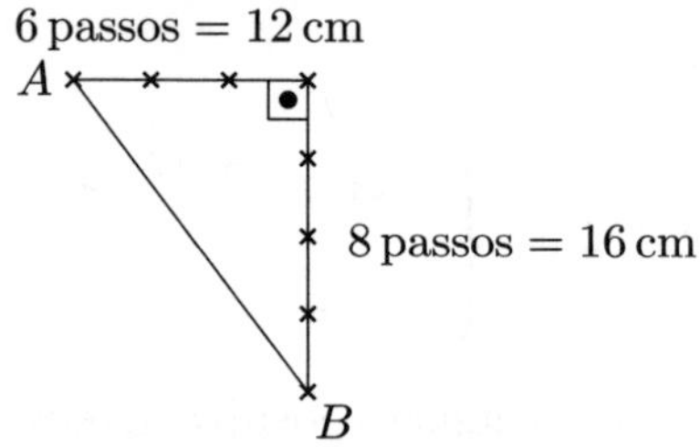

Figura 18.1

Então:

$$\left(\overline{AB}\right)^2 = 12^2 + 16^2$$

$$\overline{AB} = \sqrt{144 + 256} \Rightarrow \overline{AB} = \sqrt{400} \Rightarrow \overline{AB} = 20 \text{ cm}$$

Opção C.

11) A partir da figura dada, prolongamos a reta a para que a mesma intercepte as retas c e d.

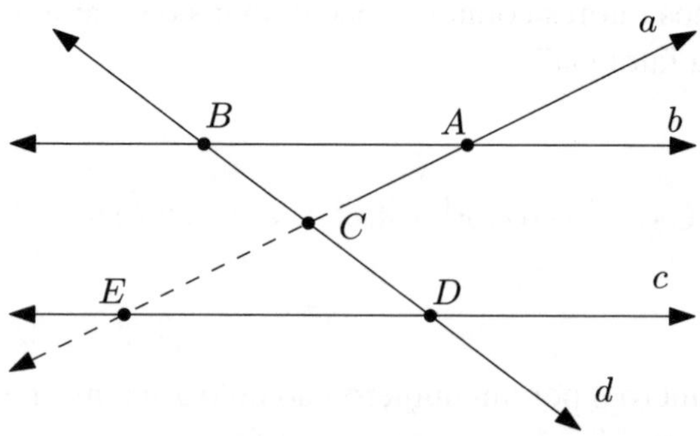

Figura 18.2

Assim, formamos os dois triângulos CDE e ABC como na figura 18.2. Do enunciado, o menor ângulo vale $40°$ e os ângulos formados sobre o vértice C valem $90°$ (CDE e ABC são triângulos retângulos). Então $C\widehat{D}E = 40°$ e, consequentemente, $C\widehat{E}D = 50°$. Como $a \parallel b$, $C\widehat{A}B \cong C\widehat{E}D = 50°$. O suplemento então vale $130°$. Opção E.

12) Seja a figura do enunciado:

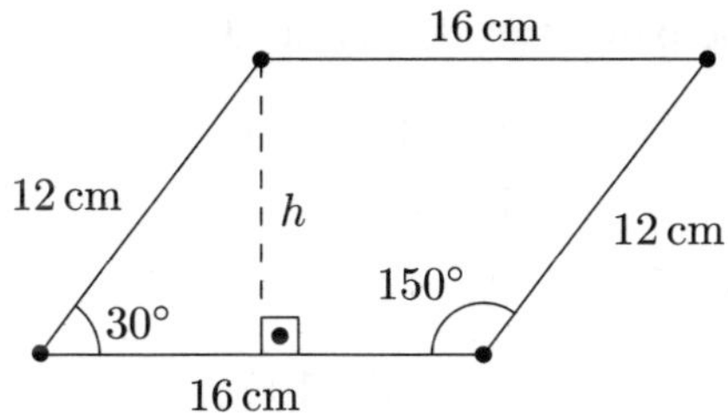

Figura 18.3

Como os lados são paralelos o ângulo agudo mede $30°$. Calculando o seno deste ângulo teremos:

$$\operatorname{sen} 30° = \frac{h}{10}$$

Logo:

$$h = \frac{1}{2} \cdot 16 \Rightarrow h = 8 \text{ cm}$$

Calculando a área:

$$S = 16 \cdot h \Rightarrow S = 16 \cdot 8 \Rightarrow S = 128 \text{ cm}^2$$

Opção D.

13) Vamos desenvolver a expressão dada:

$$A = \left[\left(x^2 - 2x + 4\right)(x+2) - \left(x^3 + x^2 + 8\right)\right]$$

$$A = \left[x^3 + 2x^2 - 2x^2 - 4x + 4x + 8 - x^3 - x^2 - 8\right]$$

$$A = \left[-x^2\right] \Rightarrow A = -x^2$$

Opção A.

14) Temos uma regra de três composta:

Gotas/minuto		Dias		Litros
20	—	30	—	100
45	—	20	—	x

Tanto a taxa de gotas por minuto quanto o número de dias são diretamente proporcionais ao número de litros desperdiçados, logo:

$$\frac{20}{45} \cdot \frac{30}{20} = \frac{100}{x}$$

Resolvendo esta equação teremos:

$$x = \frac{45 \cdot 100}{30}$$

$$x = 150 \text{ litros}$$

Opção C.

15) Resolvendo cada inequação separadamente:

(1)

$$7a + 8 > 236 \Rightarrow 7a > 228 \Rightarrow a > \frac{228}{7} \Rightarrow a > 32,57$$

E

(2)

$$11 - \frac{5a}{3} > -45 \Rightarrow 33 - 5a > -135 \Rightarrow -5a > -135 - 33$$

Continuando

$$-5a > -168 \Rightarrow a < \frac{168}{5} \Rightarrow a < 33,6$$

Portanto, o número a de submarinos, que é inteiro, pertence ao intervalo

$$32,57 < a < 33,6$$

Então $a = 33$. Opção D.

Capítulo 19

Matemática 2008/2009

1) O preço de compra p_c das maçãs vale:

$$p_c = \frac{2,30}{3}$$

O preço de venda p_v das maçãs vale:

$$p_v = \frac{4,50}{5} \Rightarrow p_v = 0,90$$

O lucro com a venda de x maçãs será dado pela expressão:

$$(p_v - p_c) \cdot x = 10$$

Em que $(p_v - p_c)$ é o lucro por maçã vendida. Assim:

$$\left(0,9 - \frac{2,3}{3}\right) x = 10 \Rightarrow \frac{2,7 - 2,3}{3} \cdot x = 10$$

Continuando:

$$x = \frac{30}{0,4} \Rightarrow x = \frac{300}{4} \Rightarrow x = 75$$

Opção D.

2) Se a pessoa deu $8,5\%$ de entrada, significa que ela pagará $91,5\%$ em cinco parcelas iguais, logo o valor p de cada parcela será:

$$p = \frac{\frac{91,5}{100} \cdot 150}{5}$$

$$p = \frac{\frac{915}{1000} \cdot 150}{5} \Rightarrow p = \frac{915 \cdot 15}{500} \Rightarrow p = \frac{915 \cdot 3}{100} \Rightarrow p = 27,45$$

Opção A.

3) Antes de calcular o valor total da expressão, vamos achar a fração geratriz de $0,555\ldots$. Seja x o valor que procuramos:

$$x = 0,555\ldots$$

Multipliquemos por 10 ambos os lados da equação, então:

$$10x = 5,555\ldots$$

Mas, reescrevendo o lado direito:

$$10x = 5 + 0,555\ldots$$

Ou seja:

$$10x = 5 + x$$

Logo:

$$9x = 5 \Rightarrow x = \frac{5}{9}$$

Voltando na expressão:

$$\frac{\frac{5}{9} - \sqrt{0,25}}{\left(\frac{2}{3}\right)^2 \cdot 10^{-1}} = \frac{\frac{5}{9} - 0,5}{\frac{4}{9} \cdot \frac{1}{10}} = \frac{\frac{5}{9} - \frac{5}{10}}{\frac{4}{90}} = \frac{\frac{50-45}{90}}{\frac{4}{90}} = \frac{\frac{5}{90}}{\frac{4}{90}} = \frac{5}{4} = 1,25$$

Opção E.

4) Do enunciado temos que:

$$\frac{a}{b} = \frac{1}{2} \Rightarrow 2a = b$$

Substituindo isto na expressão inicial teremos:

$$\left(\frac{a+b}{a-b}\right)^2 = \left(\frac{a+2a}{a-2a}\right)^2 = \left(\frac{3a}{-a}\right)^2 = (-3)^2 = 9$$

Opção B.

5) O problema pode ser resolvido com uma regra de três simples:

Cimento		Tijolos
75	—	3000
40	—	x

Como as grandezas são diretamente proporcionais, teremos:

$$\frac{75}{40} = \frac{3000}{x} \Rightarrow x = \frac{40 \cdot 3000}{75} \Rightarrow x = 1600$$

Como 40 sacos de cimento equivalem a 1600 tijolos, o caminhão só poderá carregar mais 1400 tijolos. Opção D.

6) Como ΔABD é equilátero, temos $A\widehat{B}D \cong A\widehat{D}B \cong B\widehat{A}D = 60°$. E, como o triângulo ABC é retângulo em A, teremos $D\widehat{A}C \cong D\widehat{C}A = 30°$.

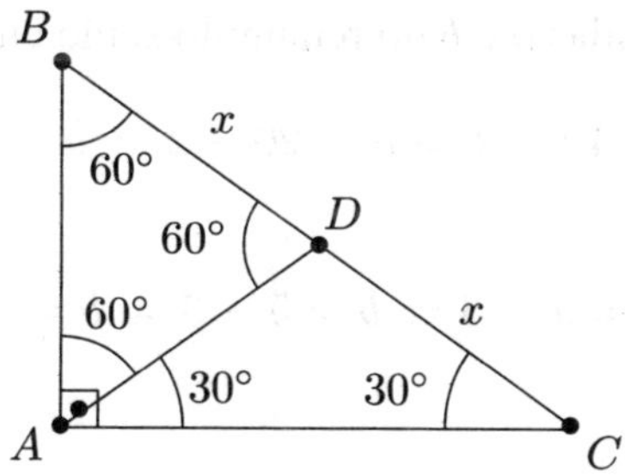

Figura 19.1

Logo ΔACD é isósceles; consequentemente:

$$\overline{AD} = \overline{BD} = \overline{CD} = x$$

Do enunciado:

$$BD + CD = 12 \Rightarrow 2x = 12 \Rightarrow x = 6$$

Como ΔABD é equilátero $\overline{AB} = x = 6$. Opção B.

7) Calculando a área do retângulo teremos:

$$(4x - 2)(x + 3) = 144$$

Desenvolvendo:

$$4x^2 + 12x - 2x - 6 = 144$$
$$4x^2 + 10x - 150 = 0$$

Então:

$$\Delta = 10^2 - 4 \cdot 4 \cdot (-150) \Rightarrow \Delta = 100 + 2400 \Rightarrow \Delta = 2500$$

Logo:

$$x_{1,2} = \frac{-10 \pm \sqrt{2500}}{2 \cdot 4} \Rightarrow \begin{cases} x_1 = \frac{-10+50}{8} \Rightarrow x_1 = \frac{40}{8} \Rightarrow x_1 = 5 \\ \\ x_2 = \frac{-10-50}{8} \Rightarrow x_2 = \frac{-60}{8} \Rightarrow x_2 = -\frac{15}{2} \end{cases}$$

As medidas do retângulo devem ser positivas:

$$\begin{cases} 4x - 2 > 0 \Rightarrow x > \frac{1}{2} \\ x + 3 > 0 \Rightarrow x > -3 \end{cases} \Rightarrow x > 0,5$$

Ou seja, $x = 5$. As medidas a e b do retângulo serão então:

$$a = 4x - 2 \Rightarrow a = 20 - 2 \Rightarrow a = 18$$

E

$$b = x + 3 \Rightarrow b = 5 + 3 \Rightarrow b = 8$$

O perímetro será então:

$$2p = 18 + 18 + 8 + 8 \Rightarrow 2p = 52$$

Opção B.

8) Para que os valores sejam inteiros devemos ter K como múltiplo de 3, 4 e 5. Então o menor K será dado por:

$$\text{MMC}\,(3,4,5) = 60$$

Veja:

$$\begin{array}{c|l} 3,4,5 & 2 \\ 3,2,5 & 2 \\ 3,1,5 & 3 \\ 1,1,5 & 5 \\ \hline 1,1,1 & 4 \cdot 3 \cdot 5 = 60 \end{array}$$

OBSERVAÇÃO: Como 4 é múltiplo de 2, mmc $(2,4) = 4$, por isso não o consideramos na solução. Porém, caso queira, pode incluí-lo e o resultado será o mesmo. Opção E.

9) Como o triângulo é retângulo e isósceles vale o teorema de Pitágoras:

$$\left(5\sqrt{2}\right)^2 = x^2 + x^2 \Rightarrow 25 \cdot 2 = 2x^2 \Rightarrow x^2 = 25 \Rightarrow x = 5$$

Como queremos a soma dos catetos:

$$S = 5 + 5 \Rightarrow S = 10$$

Opção D.

10) Calculando a expressão:

$$A - B = 2 + \sqrt{3} - \frac{2}{\sqrt{3} - 1}$$

$$A - B = \frac{\left(2 + \sqrt{3}\right)\left(\sqrt{3} - 1\right) - 2}{\sqrt{3} - 1} = \frac{2\sqrt{3} - 2 + 3 - \sqrt{3} - 2}{\sqrt{3} - 1} = \frac{\sqrt{3} - 1}{\sqrt{3} - 1} = 1$$

Opção C.

11) Vamos observar a expressão – chamaremos de E – dada:

$$E = b\,(a - b) + (b + a)\,(b - a) - a\,(b - a) + (b - a)^2$$

"Arrumando" a expressão teremos:

$$E = -b\,(b - a) + (b + a)\,(b - a) - a\,(b - a) + (b - a)\,(b - a)$$

Colocando $(b - a)$ em evidência:

$$E = (b - a)\,(-b + b + a - a + b - a)$$

$$E = (b - a)\,(b - a)$$

E, usando as propriedades de potenciação:

$$E = (b - a)^2 \Rightarrow E = [-(a - b)]^2 \Rightarrow E = (a - b)^2$$

Opção A.

12) Seja a equação dada:

$$3 - \frac{1}{1 - \frac{1}{x}} = 1 \Rightarrow 3 - \frac{1}{\frac{x-1}{x}} = 1$$

Lembrando que neste caso, o conjunto-universo é $\mathbb{R}^*$, pois $x \neq 0$. Continuando:

$$3 - \frac{x}{x - 1} = 1 \Rightarrow \frac{3\,(x - 1) - x}{x - 1} = 1$$

Mais uma vez, considerando o conjunto-universo, devemos ter $x - 1 \neq 0$, portanto, $x \neq 1$ e:

$$3x - 3 - x = x - 1 \Rightarrow x = 2$$

Opção C.

13) Resolvendo a inequação dada:

$$\frac{3+5x}{6} < \frac{1}{4} + x$$

Fazendo o MMC:

$$\frac{2(3+5x)}{12} < \frac{3(1+4x)}{12} \Rightarrow 2\,(3+5x) < 3 + 12x$$

OBSERVAÇÃO: o denominador pode ser cancelado sem alterar a desigualdade porque o denominador das frações é positivo. Isto ocorre porque o que fizemos foi multiplicar a desigualdade por 12, que é positivo. Caso contrário, ou seja, se multiplicássemos a igualdade por um número real negativo, deveríamos inverter a desigualdade para poder simplificar os denominadores.

$$6 + 10x < 3 + 12x \Rightarrow 10x - 12x < 3 - 6$$

Então:

$$-2x < -3 \Rightarrow x > \frac{3}{2}$$

Lembrando que $\frac{3}{2} = 1,5$, o menor inteiro que satisfaz as condições é, portanto, 2. Opção E.

14) Seja c o preço do CD e, d, o preço do DVD. De acordo com o enunciado temos:

$$\begin{cases} c + d = 24 \\ 3c + 4d = 87 \end{cases}$$

Multiplicando a primeira equação por 3:

$$\begin{cases} 3c + 3d = 72 \\ 3c + 4d = 87 \end{cases}$$

Subtraindo a segunda equação da primeira:

$$3c - 3c + 4d - 3d = 87 - 72 \Rightarrow d = 15$$

Portanto:

$$c + 15 = 24 \Rightarrow c = 9$$

Dividindo c por d:

$$\frac{c}{d} = \frac{9}{15} \Rightarrow \frac{c}{d} = \frac{3}{5}$$

Ou seja,

$$c = \frac{3}{5}d$$

Opção C.

15) De acordo com o enunciado podemos escrever a seguinte equação:

$$3\sqrt{x} - 2 = x$$

Isolando o radical:

$$3\sqrt{x} = x + 2 \Rightarrow \sqrt{x} = \frac{x+2}{3}$$

Elevando ambos os membros ao quadrado:

$$\left(\sqrt{x}\right)^2 = \left(\frac{x+2}{3}\right)^2 \Rightarrow x = \frac{x^2 + 4x + 4}{9}$$

Então:

$$9x = x^2 + 4x + 4 \Rightarrow x^2 - 5x + 4 = 0$$

Resolvendo esta equação do segundo grau:

$$\Delta = (-5)^2 - 4 \cdot 1 \cdot 4 \Rightarrow \Delta = 25 - 16 \Rightarrow \Delta = 9$$

Logo:

$$x_{1,2} = \frac{-(-5) \pm \sqrt{9}}{2 \cdot 1} \Rightarrow \begin{cases} x_1 = \frac{5+3}{2} \Rightarrow x_1 = \frac{8}{2} \Rightarrow x_1 = 4 \\ x_2 = \frac{5-3}{2} \Rightarrow x_2 = \frac{2}{2} \Rightarrow x_2 = 1 \end{cases}$$

Vamos testar os valores:

$$3\sqrt{x} - 2 = x \Rightarrow 3\sqrt{4} - 2 = 4 \Rightarrow 6 - 2 = 4 \rightarrow \text{Verdadeiro}$$

$$3\sqrt{x} - 2 = x \Rightarrow 3\sqrt{1} - 2 = 1 \Rightarrow 3 - 2 = 1 \rightarrow \text{Verdadeiro}$$

A soma S das raízes é portanto:

$$S = 1 + 4 \Rightarrow S = 5$$

OBSERVAÇÃO: O enunciado pode nos levar a escrever a equação da seguinte maneira:

$$3\sqrt{x-2} = x$$

Isolando o radical:

$$\sqrt{x-2} = \frac{x}{3}$$

Elevando ambos os membros ao quadrado:

$$\left(\sqrt{x-2}\right)^2 = \left(\frac{x}{3}\right)^2 \Rightarrow x - 2 = \frac{x^2}{9}$$

$$9x - 18 = x^2 \Rightarrow x^2 - 9x + 18 = 0$$

Resolvendo esta equação do segundo grau:

$$\Delta = (-9)^2 - 4 \cdot 1 \cdot 18 \Rightarrow \Delta = 81 - 72 \Rightarrow \Delta = 9$$

Logo:

$$x_{1,2} = \frac{-(-9) \pm \sqrt{9}}{2 \cdot 1} \Rightarrow \begin{cases} x_1 = \frac{9+3}{2} \Rightarrow x_1 = \frac{12}{2} \Rightarrow x_1 = 6 \\ \\ x_2 = \frac{9-3}{2} \Rightarrow x_2 = \frac{6}{2} \Rightarrow x_2 = 3 \end{cases}$$

Vamos testar os valores:

$$3\sqrt{x} - 2 = x \Rightarrow 3\sqrt{6} - 2 = 6 \Rightarrow \sqrt{6} = \frac{8}{3} \rightarrow \text{Falso}$$

$$3\sqrt{x} - 2 = x \Rightarrow 3\sqrt{3} - 2 = 3 \Rightarrow \sqrt{3} = \frac{5}{3} \rightarrow \text{Falso}$$

Não há, portanto, soma das raízes. A primeira interpretação é a correta, basta notar que há uma vírgula logo após "...positivo x,". Tenha cuidado. Opção D.

Capítulo 20

Matemática 2009/2010

1) A área da região hachurada será a diferença entre as áreas dos dois quadrados, ou seja:

$$S = 5^2 - 3^2$$

Daí:

$$S = 25 - 9 \Rightarrow S = 16\,\text{cm}^2$$

Opção A.

2) Sejam a e b os lados não conhecidos na figura e $2p$ o perímetro. Observando a figura, vemos que:

$$\begin{cases} a + b = x \\ x - 2 = 4 + 1 \end{cases}$$

Daí, podemos concluir:

$$x - 2 = 5 \Rightarrow x = 7$$

O perímetro será então:

$$2p = x - 2 + a + b + 1 + 4 + x$$

Portanto:

$$2p = 7 - 2 + 7 + 5 + 7 \Rightarrow 2p = 24$$

Opção A.

3) Vamos substituir os valores de a e b na expressão dada:

$$\sqrt[3]{\frac{(a+b)\,ab}{a-b}} = \sqrt[3]{\frac{(12+6)\,12 \cdot 6}{12-6}} = \sqrt[3]{\frac{18 \cdot 12 \cdot 6}{6}} = \sqrt[3]{18 \cdot 12}$$

Fatorando 18 e 12:

$$\sqrt[3]{18 \cdot 12} = \sqrt[3]{2 \cdot 3^2 \cdot 2^2 \cdot 3} = \sqrt[3]{2^3 \cdot 3^3} = 2 \cdot 3 = 6$$

Opção B.

4) Como o quadrilátero $PQRS$ é um paralelogramo, devemos ter $P\widehat{Q}R \cong P\widehat{S}R$, pois esta é uma propriedade dos paralelogramos. Como ΔPST é isósceles, teremos $S\widehat{T}P \cong S\widehat{P}T = x$:

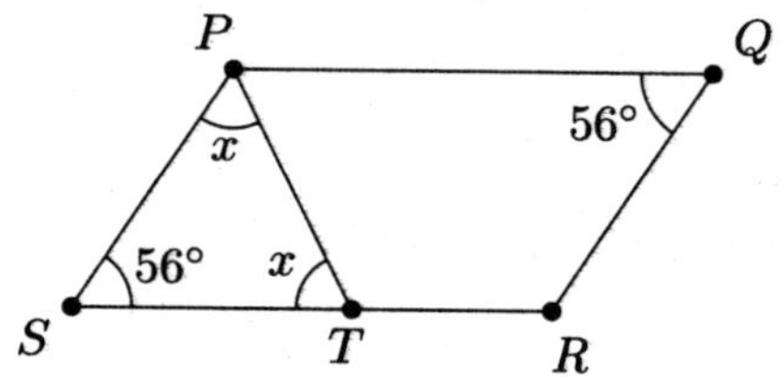

Figura 20.1

Então, no triângulo PTS podemos somar os ângulos internos:

$$56° + x + x = 180°$$

Concluindo:

$$2x = 180° - 56° \Rightarrow x = 62°$$

Opção D.

5) Os azulejos são quadrados de lado 15 cm, então cada azulejo terá como área:

$$S = 15 \cdot 15 \Rightarrow S = 225 \text{ cm}^2$$

Como foram necessários 640 azulejos:

$$S_T = 640 \cdot 225 \Rightarrow S_T = 144000 \text{ cm}^2$$

Como 1 m são 100 cm, 1 m^2 equivale a 10000 cm^2. Sendo assim, passando o resultado anterior de centímetros para metros quadrados:

$$S_T = \frac{144000}{10000} \Rightarrow S_T = 14,4 \text{ m}^2$$

Opção B.

6) A soma das raízes de uma equação da forma $ax^2 + bx + c = 0$ é

$$S = -\frac{b}{a}$$

Da equação dada temos:

$$-\frac{-(k+6)}{k-1} = 8$$

Não podemos esquecer que:

$$k - 1 \neq 0 \Rightarrow k \neq 1$$

Então:

$$k + 6 = 8(k-1) \Rightarrow k + 6 = 8k - 8 \Rightarrow 7k = 14 \Rightarrow k = 2$$

Opção E.

7) Vamos analisar cada opção:
(A) Verdadeira.
Desenvolvendo o membro direito da equação:

$$(a-b)(a-b) = a^2 - ab - ab + b^2 = a^2 - 2ab + b^2$$

(B) Verdadeira.
Desenvolvendo o membro direito da equação:

$$(a+b)(a+b) = a^2 + ab + ab + b^2 = a^2 + 2ab + b^2$$

(C) Falsa.
Desenvolvendo o membro direito da equação:

$$(a+b)(a+b) = a^2 + ab + ab + b^2 = a^2 + 2ab + b^2$$

(D) Verdadeira.
Desenvolvendo o membro direito da equação:

$$(a+b)(a-b) = a^2 - ab + ab - b^2 = a^2 - b^2$$

(E) Verdadeira.
Desenvolvendo o membro direito da equação:

$$\left(a^2+b^2\right)(a+b)(a-b) = \left(a^2+b^2\right)\left(a^2 - ab + ab - b^2\right) =$$

$$= (a^2 + b^2)(a^2 - b^2) = a^4 - b^4$$

Opção C.

8) Vamos resolver cada expressão em separado:

$$M = \left(\frac{1}{2} + \frac{2}{3}\right) \times \frac{4}{7} = \left(\frac{3+4}{6}\right) \times \frac{4}{7} = \frac{4}{6} = \frac{2}{3}$$

E

$$N = \left(\frac{2}{3} - \frac{2}{9}\right) : \frac{2}{3} = \left(\frac{6-2}{9}\right) : \frac{2}{3} = \frac{4}{9} \times \frac{3}{2} = \frac{2}{3}$$

Ou seja,

$$M = N$$

Opção A.

9) Vamos desenvolver a inequação dada:

$$2(x+1) - (x-2) > 3(x-2)$$

Logo:

$$2x + 2 - x + 2 > 3x - 6 \Rightarrow x + 4 > 3x - 6 \Rightarrow -2x > -10 \Rightarrow x < 5$$

Opção B.

10) Vamos montar o algoritmo de chave para os dados do enunciado:

$$\begin{array}{r|l} D & 58 \\ \hline R & 69 \end{array}$$

O resto R é o maior possível, que deve ser menor do que 58. Logo R vale 57 e podemos escrever:

$$D = 58 \cdot 69 + 57 \Rightarrow D = 4059$$

Opção B.

11) Sabemos que:

$$1,5\% = \frac{1,5}{100} = \frac{15}{1000}$$

Como a taxa é de juros simples teremos:

$$\frac{15}{1000} \cdot 2000 = 30$$

Para 1 ano e 8 meses (20 meses):

$$j = 30 \cdot 20 \Rightarrow j = 600$$

Opção C.

12) A figura é um triângulo retângulo, podemos então aplicar o teorema de Pitágoras:

$$10^2 = 6^2 + x^2 \Rightarrow x = \sqrt{100 - 36} \Rightarrow x = 8$$

Opção D.

13) Fatorando 70 encontramos:

$$70 = 2 \cdot 5 \cdot 7$$

$$\begin{array}{r|l} 70 & 2 \\ 35 & 5 \\ 7 & 7 \\ \hline 1 & 70 = 2 \cdot 5 \cdot 7 \end{array}$$

Assim, o maior divisor primo de 70 é 7 e, o menor, 2. A soma, portanto, vale 9 que é quadrado perfeito. Opção C.

14) Vamos montar o algoritmo de chave:

$$\begin{array}{r|l} P(x) & x^2 + 1 \\ \cline{2-2} 3 & 3x + 2 \end{array}$$

então:

$$P(x) = (3x + 2)\left(x^2 + 1\right) + 3$$

Logo:

$$P(x) = 3x^3 + 3x + 2x^2 + 2 + 3 \Rightarrow P(x) = 3x^3 + 2x^2 + 3x + 5$$

Opção E.

15) Veja o diagrama de Venn abaixo (figura 20.2):

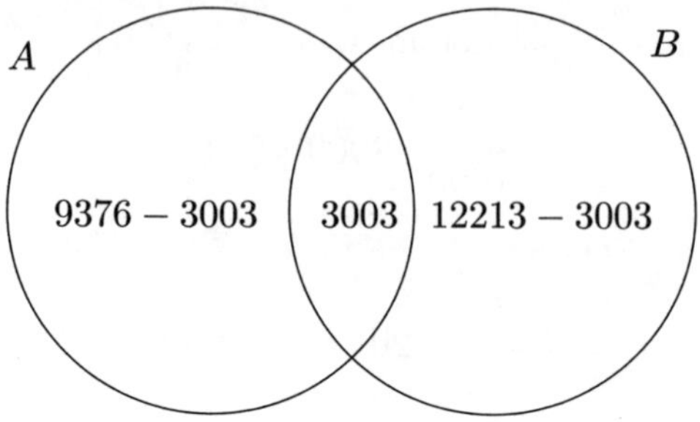

Figura 20.2

O número de pessoas que respondeu a pesquisa foi:

$n = 9376 - 3003 + 3003 + 12213 - 3003 \Rightarrow n = 9376 + 9210 \Rightarrow n = 18586$

Opção D.

Capítulo 21

Matemática 2010/2011

1) Convém lembrar que uma dúzia equivale a 12 unidades e, portanto, 12 dúzias equivalem a $12 \times 12 = 144$ unidades. Pelos dados do problema, podemos montar a seguinte regra de três simples e direta:

$$\begin{array}{ccc} 1 \text{ grosa} & — & 144 \text{ unidades} \\ 10 \text{ grosas} & — & x \text{ unidades} \end{array}$$

Efetuando a multiplicação teremos:

$$x = 10 \cdot 144 \Rightarrow x = 1440 \text{ unidades}$$

Opção B.

2) O problema em questão equivale a um sistema de equações do primeiro grau. Seja m_1 o total de moedas de R\$ $0,10$ e m_5 o total de moedas de R\$ $0,50$. Então podemos montar as seguintes equações:

$$\text{Total de moedas: } m_1 + m_5 = 20$$

$$\text{Total em dinheiro: } 0,10 \cdot m_1 + 0,50 \cdot m_2 = 5,20$$

Isolando m_1 na primeira equação:

$$m_1 = 20 - m_5$$

Substituindo na segunda equação:

$$0,1 \underbrace{(20 - m_5)}_{m_1} + 0,5 \cdot m_5 = 5,20 \Rightarrow 2 - 0,1 \cdot m_5 + 0,5 \cdot m_5 = 5,20$$

Então:

$$0,4 \cdot m_5 = 3,20 \Rightarrow m_5 = \frac{3,20}{0,4} \Rightarrow m_5 = 8$$

Voltando a qualquer das equações:

$$m_1 = 20 - 8 \Rightarrow m_1 = 12$$

Opção D.

3) Do próprio enunciado, podemos definir a velocidade v como sendo:

$$v = \frac{d}{t}$$

Como a velocidade pedida está em km/h, precisamos colocar a distância d em km e o tempo t em horas, assim:

$$d = 4500 \text{ m} \Rightarrow d = 4,5 \text{ km}$$

E

$$t = 900 \text{ min} \Rightarrow t = \frac{900}{60} \Rightarrow t = 15 \text{ h}$$

Substituindo estes dados na equação da velocidade:

$$v = \frac{4,5}{15} \Rightarrow v = \frac{45}{10} \cdot \frac{1}{15} \Rightarrow v = 0,3 \text{ km/h}$$

Opção E.

4) Solução 1: Podemos fazer a seguinte regra de três simples:

$$\begin{array}{ccc} 2300 & — & 100\% \\ x & — & 80\% \end{array}$$

Efetuando as multiplicações:

$$x \cdot 100\% = 2300 \cdot 80\%$$

Como $80\% = \frac{80}{100}$, podemos escrever:

$$x = \frac{2300 \cdot 80}{100} \Rightarrow x = 23 \cdot 80 \Rightarrow x = 1840$$

Solução 2: Podemos escrever a seguinte equação, na qual x representa o preço à vista:

$$x = 2300 - \frac{20}{100} \cdot 2300$$

Resolvendo:

$$x = 2300 - 460 \Rightarrow x = 1840$$

A televisão à vista custa R\$ $1.840,00$. Opção E.

5) Como queremos que

$$(x-3)(x+1) = 5x - 13$$

Basta resolver esta equação. Então, efetuando a propriedade distributiva da multiplicação do lado esquerdo:

$$x^2 + x - 3x - 3 = 5x - 13 \Rightarrow x^2 - 7x + 10 = 0$$

Solucionando a equação do segundo grau:

$$\Delta = (-7)^2 - 4 \cdot 1 \cdot 10 \Rightarrow \Delta = 9$$

Logo:

$$x_{1,2} = \frac{-(-7) \pm \sqrt{9}}{2 \cdot 1} \Rightarrow \begin{cases} x_1 = \frac{7+3}{2} \Rightarrow x_1 = 5 \\ x_2 = \frac{7-3}{2} \Rightarrow x_2 = 2 \end{cases}$$

O que nos dá $x = 2$ ou $x = 5$. Os dois valores são primos. Opção B.

6) O Teorema de Pitágoras nos diz que:

> Em um triângulo retângulo, o maior lado, chamado de hipotenusa, ao quadrado é igual a soma dos quadrados dos outros lados, chamados de catetos.

Podemos então escrever:

$$y^2 = x^2 + z^2$$

Opção D.

7) Podemos, em questões como essa, apenas substituir o valor dado, embora

isso seja muito trabalhoso. Uma maneira mais simples de resolver o problema é tentar fatorar o numerador:

$$\frac{x^2(x+1)-4(x+1)}{(x+1)(x-2)}=\frac{(x+1)\left(x^2-4\right)}{(x+1)(x-2)}=\frac{\left(x^2-4\right)}{(x-2)}$$

Sabemos que:

$$a^2-b^2=(a+b)(a-b)$$

Aplicando ao numerador:

$$\frac{(x-2)(x+2)}{x-2}$$

Substituindo agora o valor de x teremos 989. Opção C.

8) Por inspeção, podemos ver que o maior número a ser formado é aquele que contém 9 no algarismo das dezenas e 5 no algarismo das unidades. Opção D.

9) Seja x o peso da tora de madeira. Podemos então escrever a equação:

$$x+\frac{x}{2}=27$$

Calculando o M.M.C. teremos:

$$\frac{2x+x}{2}=27 \Rightarrow 3x=54 \Rightarrow x=18\text{ kg}$$

Opção E.

10) Seja x o número que deverá ser adicionado. Do enunciado:

$$2009^2+x=2010^2 \Rightarrow x=2010^2-2009^2$$

Podemos fatorar o lado direito da equação, que é uma diferença de quadrados, lembre-se que:

$$a^2-b^2=(a-b)(a+b)$$

Logo:

$$x=(2010-2009)\cdot(2010+2009) \Rightarrow x=4019$$

Opção C.

11) Como uma observação, matematicamente, é incorreto dizer que x^2-5x+6

é uma equação, pois não há igualdade. Para resolver o problema, vamos reescrever como sendo:

$$x^2 - 5x + 6 = 0$$

Como sabemos, a soma das raízes de uma equação do segundo grau do tipo $ax^2 + bx + c = 0$ é dada por $S = -\frac{b}{a}$ e o produto das raízes é dado por $P = \frac{c}{a}$. Sendo assim, podemos calcular SP como sendo:

$$SP = -\frac{b}{a} \cdot \frac{c}{a}$$

Substituindo os valores de a, b e c tem-se:

$$SP = -\frac{(-5)}{1} \cdot \frac{6}{1} \Rightarrow SP = 30$$

Opção A.

12) A soma dos ângulos internos de um triângulo é dada por:

$$\widehat{A} + \widehat{B} + \widehat{C} = 180°$$

Do enunciado do problema temos $\widehat{A} = 2\widehat{B}$ e $\widehat{C} = 3\widehat{A}$. Escrevendo todos os ângulos em função do ângulo do vértice B:

$$\underbrace{2\widehat{B}}_{\widehat{A}} + \widehat{B} + \underbrace{3\underbrace{\left(2\widehat{B}\right)}_{\widehat{A}}}_{\widehat{C}} = 180°$$

Logo:

$$9\widehat{B} = 180° \Rightarrow \widehat{B} = 20°$$

Substituindo o valor encontrado achamos para os outros ângulos:

$$\widehat{A} = 40° \quad \text{e} \quad \widehat{C} = 120°$$

O menor ângulo é, portanto, o do vértice B. Opção C.

13) A figura 21.1 representa o problema em questão.

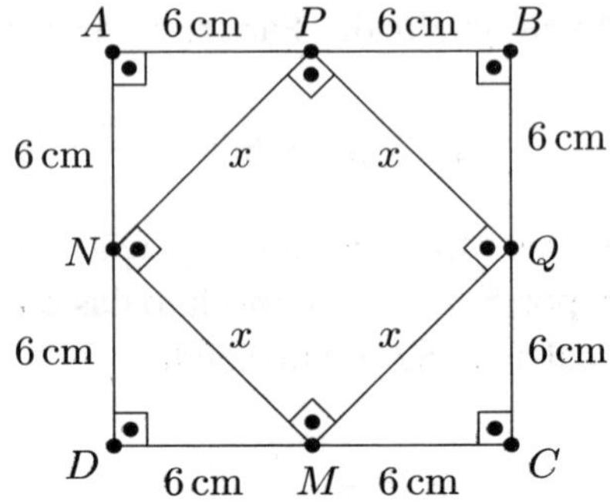

Figura 21.1

P, Q, M e N são os pontos médios dos lados do quadrado. Note que:

$$\Delta APN \cong \Delta BPQ \cong \Delta CMQ \cong \Delta DMN$$

Todos os triângulos são isósceles e retângulos. Além disso:

$$A\widehat{P}N + N\widehat{P}Q + B\widehat{P}Q = 180^\circ$$

Daí:

$$45^\circ + N\widehat{P}Q + 45^\circ = 180^\circ \Rightarrow N\widehat{P}Q = 90^\circ$$

Assim, $PQMN$ é um quadrado de lado x. Como APN é um triângulo retângulo em A, podemos obter o valor de x aplicando o teorema de Pitágoras:

$$NP^2 = AP^2 + AN^2$$

Substituindo os valores:

$$x^2 = 6^2 + 6^2 \Rightarrow x^2 = 36 + 36 \Rightarrow x^2 = 72 \Rightarrow x = 6\sqrt{2}$$

Assim, unindo-se os pontos médios de um quadrado de lado 12 m, obtemos um novo quadrado de lado $6\sqrt{2}$ m. A área será, portanto:

$$S = \left(6\sqrt{2}\right)^2 \Rightarrow S = 72\,\text{m}^2$$

Opção A.

14) Sejam a, b e c os lados de um triângulo, em que $a > b > c$. Seu perímetro é:

$$2p = a + b + c$$

Para que um triângulo exista, cada lado deve ser maior que a diferença e menor que a soma dos outros dois, podemos então escrever:

$$b - c < a < b + c$$

Ou seja, da equação do perímetro:

$$2p - a = b + c$$

Assim:

$$a < 2p - a \Rightarrow 2a < 12 \Rightarrow a < 6$$

O maior valor para a é, portanto, 5. Opção A.

15) O problema em questão é resolvido usando uma regra de três composta que pode ser esquematizada como abaixo:

Número de copiadoras	Total de cópias	Tempo gasto (em h)
1	12000	12
x	12000	4

Como o número de cópias é mantido constante, basta observar o tempo gasto para realizar as cópias. O tempo gasto é inversamente proporcional ao número de copiadoras. Então, como o número de horas é 3 vezes menor, o número de copiadoras é 3 vezes maior:

$$1 \cdot 12 = 4x \Rightarrow x = \frac{12}{4} \Rightarrow x = 3 \text{ copiadoras}$$

Opção B.

Capítulo 22

Matemática 2011/2012

1) Sabemos que ABE é um triângulo equilátero, logo $E\widehat{A}B$ vale $60°$ e $E\widehat{A}D$ vale $30°$, pois $ABCD$ é um quadrado. Como do enunciado $\overline{AD} \cong \overline{AE}$ (são congruentes), ADE é isósceles, como mostra a figura 22.1 abaixo:

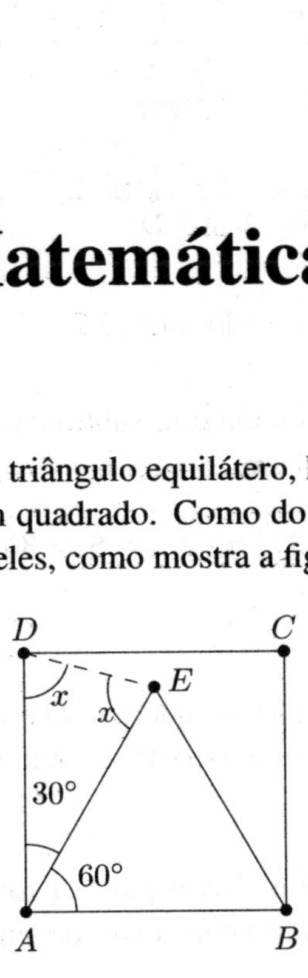

Figura 22.1

Como a soma dos ângulos internos de um triângulo vale $180°$:

$$30° + x + x = 180° \Rightarrow 2x = 180° - 30° \Rightarrow x = 75°$$

Opção C.

2) Queremos calcular a seguinte soma:

$$(-50) + (-49) + \ldots + 0 + \ldots + 49 + 50 + 51$$

Ou seja, só "sobram" 0 e 51, pois os simétricos se cancelam. Opção E.

3) Traçando os segmentos $\overline{GH}$, $\overline{CD}$ e $\overline{IJ}$, todos paralelos aos lados $\overline{AB}$ e $\overline{EF}$ do retângulo temos a figura 22.2 abaixo:

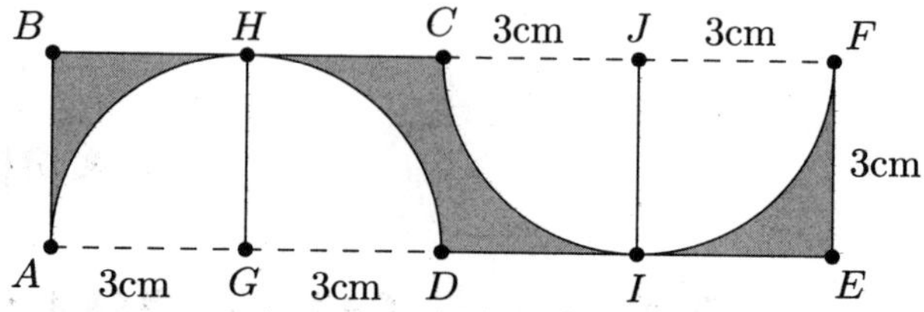

Figura 22.2

Agora, basta fazer a área do retângulo subtraída da área de um círculo (duas metades de círculo) de raio 3 cm:

$$S = 12 \times 3 - \pi \cdot 3^2 \Rightarrow S = 36 - 9\pi \text{ cm}^2$$

Opção B.

OBSERVAÇÃO: O problema não diz que C e D estão na mesma perpendicular, ou seja, alinhados verticalmente, entretanto, não haverá opção de resposta se isso não acontecer.

4) Como o número deve ser divisível por 3 a soma de seus algarismos deve ser da forma $3k$, onde k é inteiro e positivo, devemos ter

$$3 + 0 + 4 + 5 + X + 8 = 3k \Rightarrow X + 20 = 3k$$

Substituindo os possíveis de k:

$$k = 0 \Rightarrow X + 20 = 3 \cdot 0 \Rightarrow X = -20$$

$$k = 1 \Rightarrow X + 20 = 3 \cdot 1 \Rightarrow X = -17$$

$$k = 2 \Rightarrow X + 20 = 3 \cdot 2 \Rightarrow X = -14$$

$$k = 3 \Rightarrow X + 20 = 3 \cdot 3 \Rightarrow X = -11$$

$$k = 4 \Rightarrow X + 20 = 3 \cdot 4 \Rightarrow X = -8$$

$$k = 5 \Rightarrow X + 20 = 3 \cdot 5 \Rightarrow X = -5$$

$$k = 6 \Rightarrow X + 20 = 3 \cdot 6 \Rightarrow X = -2$$
$$k = 7 \Rightarrow X + 20 = 3 \cdot 7 \Rightarrow X = 1$$
$$k = 8 \Rightarrow X + 20 = 3 \cdot 8 \Rightarrow X = 4$$
$$k = 9 \Rightarrow X + 20 = 3 \cdot 9 \Rightarrow X = 7$$

Como X está entre 0 e 9, só há três valores possíveis para X. A soma destes valores é:

$$1 + 4 + 7 = 12$$

Opção A.

5) Basta uma regra de três simples:

Acertos		Nota
15	—	10
6	—	x

Colocando em frações:

$$\frac{15}{6} = \frac{10}{x} \Rightarrow x = \frac{60}{15} \Rightarrow x = 4$$

Opção D.

6) Seja $g = 3$ o grau do polinômio original. Como elevamos à 5ª potência, o novo polinômio terá grau $g' = 3 \cdot 5 \Rightarrow g' = 15$. Uma forma simples de verificar é calcular:

$$\left(\frac{7}{11}x^3 - \sqrt{5}\right)^5 = \underbrace{\left(\frac{7}{11}x^3 - \sqrt{5}\right) \cdot \left(\frac{7}{11}x^3 - \sqrt{5}\right) \cdot \ldots \cdot \left(\frac{7}{11}x^3 - \sqrt{5}\right)}_{\text{5 parcelas}}$$

OBSERVAÇÃO: De maneira geral, se dois polinômios p e q possuem graus m e n, respectivamente, o polinômio pq terá grau $m + n$. No caso de $\frac{p}{q}$, teremos grau $m - n$ com $m > n$. Para a soma $p + q$ o grau será no máximo o maior grau entre os graus m e n de cada polinômio.

Para facilitar, vamos omitir algumas parcelas, pois a maior potência virá do produto de todas as primeiras parcelas de cada binômio:

$$\left(\frac{7}{11}x^3 - \sqrt{5}\right)^5 = \frac{7}{11}x^3 \cdot \frac{7}{11}x^3 \cdot \frac{7}{11}x^3 \cdot \frac{7}{11}x^3 \cdot \frac{7}{11}x^3 + \ldots$$

Logo:

$$\left(\frac{7}{11}x^3 - \sqrt{5}\right)^5 = \frac{7^5}{11^5}x^{15} + \ldots$$

Opção D.

7) Vamos isolar x na equação dada:

$$2x + 13 = 4y + 9 \Rightarrow 2x = 4y + 9 - 13 \Rightarrow x = \frac{4y - 4}{2}$$

Multiplicando por 6 ambos os lados da equação:

$$6x = 6 \cdot \frac{4y - 4}{2} \Rightarrow 6x = 12y - 12$$

Subtraindo 6 de ambos os lados:

$$6x - 6 = 12y - 12 - 6 \Rightarrow 6x - 6 = 12y - 18$$

Opção A.

8) Seja E a expressão dada:

$$E = \sqrt{96 + \sqrt{7 + \sqrt{81}}}$$

Desenvolvendo:

$$E = \sqrt{96 + \sqrt{7 + \sqrt{81}}} = \sqrt{96 + \sqrt{7 + 9}}$$

Logo:

$$E = \sqrt{96 + \sqrt{16}} = \sqrt{96 + 4} = \sqrt{100} = 10$$

Opção E.

9) No nível de número 20, a altura total h é igual a diagonal do quadrado de lado 10 multiplicado por 20, já que são vinte níveis. A diagonal de um quadrado de lado ℓ vale $\ell\sqrt{2}$, então:

$$h = 20 \cdot 10\sqrt{2}$$

Como, pelo enunciado $\sqrt{2} \approx 1,41$ teremos:

$$h \approx 200 \cdot 1,41 \Rightarrow h \approx 282,84 \text{ cm}$$

Em metros $h \approx 2,8$ m Opção C.

10) Seja x a quantidade de pessoas na sala de espera. De acordo com enunciado:

$$x + \frac{x}{2} + 1 = 16 \Rightarrow \frac{2x + x}{2} = 16 - 1$$

Então:

$$\frac{3x}{2} = 15 \Rightarrow 3x = 30 \Rightarrow x = 10$$

Havia, então, 10 pessoas na sala de espera. Opção D.

11) Vamos calcular o perímetro $2p$ do retângulo:

$$2p = 12 + 30 + 12 + 30 \Rightarrow 2p = 84 \text{ m}$$

O número de voltas completas n pode ser calculado dividindo-se o comprimento total de arame pelo perímetro:

$$n = \frac{350}{84} \Rightarrow n \approx 4,167$$

Ou seja, 4 voltas completas. Opção C.

12) Usando somente os segmentos destacados na figura, temos os seguintes triângulos: ABC, ABD, BCE, ABE, e ADE. Uma observação válida para este tipo de problema é que devemos ter um "método de contagem". Neste exemplo, em particular podemos simplesmente pensar primeiro em todos os triângulos com vértice no ponto E. Vemos que são três ao todo. Reparamos ainda que há apenas dois triângulos nos quais E não é vértice. Isto nos faz garantir que não há mais que 5 triângulos. Opção E.

13) Sabemos que:

$$(a + b)^2 = a^2 + 2ab + b^2$$

Fazendo $a = 0,11$ e $b = 0,89$:

$$(0,11)^2 + 2 \cdot (0,11) \cdot (0,89) + (0,89)^2 = (0,11 + 0,89)^2$$

$$(0,11)^2 + 2 \cdot (0,11) \cdot (0,89) + (0,89)^2 = (1)^2$$

$$(0,11)^2 + 2 \cdot (0,11) \cdot (0,89) + (0,89)^2 = 1$$

Opção B.

14) Ele errou primeiro na LINHA 2 fazendo o "cancelamento" das duas primeiras parcelas. Ele deveria escrever: $4 + 4 - 4$ e não $4 - 4 - 4$. Opção B.

15) A resolução consiste de uma regra de três simples e inversa, relacionada ao comprimento de uma circunferência:

$$\begin{array}{ccc} \text{Raio} & & \text{Distância} \\ 2\pi \cdot 1 & — & x \\ 2\pi \cdot \frac{1}{2} & — & 1\text{ km} \end{array}$$

Colocando em forma de fração:

$$\frac{2\pi \cdot 1}{2\pi \cdot \frac{1}{2}} = \frac{1}{x} \Rightarrow x = \frac{1}{2} \Rightarrow x = 0,5\text{ km}$$

Opção E.

Capítulo 23

Matemática 2012/2013

1) Para solucionar o problema basta usar o seno do ângulo de 30°:

$$\operatorname{sen} 30^\circ = \frac{h}{1,2} \Rightarrow h = \frac{1,2}{2} \Rightarrow h = 0,6\,\text{km}$$

Passando para metros, temos $h = 600$ m. Opção B.

2) Fatorando a expressão dada pelo problema teremos:

$$ab^2 + a^2b = ab(a + b)$$

Como a e b são as raízes da equação do segundo grau, ab representa o produto das raízes e $a + b$ o produto das raízes. Usando as relações de soma e produto das raízes de uma equação do segundo grau:

$$a + b = -\frac{-4}{1} \Rightarrow a + b = 4$$

E

$$ab = \frac{2}{1} \Rightarrow ab = 2$$

Então:

$$ab(a + b) = 4 \cdot 2 \Rightarrow ab(a + b) = 8$$

Opção E.

3) Podemos reescrever a equação do enunciado como sendo:

$$\sqrt{1 + 4x} = 1 - x$$

Elevando ambos os membros da equação ao quadrado:

$$1 + 4x = (1 - x)^2 \Rightarrow 1 + 4x = 1 - 2x + x^2 \Rightarrow x^2 = 6x$$

Logo:

$$x^2 - 6x = 0 \Rightarrow x(x - 6) = 0$$

Portanto, $x = 0$ ou $x = 6$. Mas para $x = 6$ a igualdade não se verifica, logo $x = 0$. Opção A.

4) Se seis torneiras precisam de 420 minutos, uma única torneira precisaria de $6 \times 420 = 2520$ minutos. Assim, usando dez torneiras, só seriam necessários $2520 \div 10 = 252$ minutos. Opção D.

5) Sabemos que a área A de uma circunferência de raio r é dada por $A = \pi r^2$. Então, a área A_1 da circunferência menor será:

$$A_1 = \pi r_1^2 \Rightarrow A_1 = \pi \cdot (2)^2 \Rightarrow A_1 = 4\pi \text{ cm}^2$$

O raio da maior, em centímetros, vale $r_2 = 4$ cm e, calculando sua área:

$$A_2 = \pi r_2^2 \Rightarrow A_2 = \pi \cdot (4)^2 \Rightarrow A_2 = 16\pi \text{ cm}^2$$

A área da coroa será:

$$A_2 - A_1 = 16\pi - 4\pi \Rightarrow A_2 - A_1 = 12\pi \text{ cm}^2$$

Opção A.

6) Se os ângulos são alternos internos, podemos escrever:

$$\frac{x}{2} + 30^\circ = \frac{3x}{5} + 15^\circ \Rightarrow \frac{x}{2} - \frac{3x}{5} = 15^\circ - 30^\circ$$

Igualando os denominadores:

$$\frac{5x - 6x}{10} = -15^\circ \Rightarrow -x = -150^\circ \Rightarrow x = 150^\circ$$

Assim, cada ângulo mede:

$$\frac{x}{2} + 30^\circ = \frac{150^\circ}{2} + 30 = 105^\circ$$

O suplemento vale, portanto, $180° - 105° = 75°$. Opção A.

7) Solução 1: Reescrevendo a equação dada:

$$\frac{(a+b)^2 - a - b}{a^2 + ab - a} = 3 \Rightarrow \frac{(a+b)(a+b) - (a+b)}{a(a+b) - a} = 3$$

Continuando:

$$\frac{(a+b)(a+b-1)}{a(a+b-1)} = 3$$

O enunciado não diz isso, mas considerando $a + b \neq 1$:

$$\frac{a+b}{a} = 3 \Rightarrow a + b = 3a \Rightarrow \frac{a}{b} = \frac{1}{2}$$

Solução 2: Desenvolvendo a equação dada:

$$\frac{(a+b)^2 - a - b}{a^2 + ab - a} = 3 \Rightarrow \frac{a^2 + 2ab + b^2 - a - b}{a^2 + ab - a} = 3$$

Logo:

$$a^2 + 2ab + b^2 - a - b = 3a^2 + 3ab - 3a$$

Colocando todas as incógnitas do lado esquerdo:

$$a^2 + 2ab + b^2 - a - b - 3a^2 - 3ab + 3a = 0$$

Simplificando os termos semelhantes:

$$-2a^2 - ab + b^2 + 2a - b = 0$$

Podemos reescrever como:

$$-2a^2 - (b-2)a + b^2 - b = 0$$

Que é uma equação do segundo grau em a. Logo:

$$\Delta = [-(b-2)]^2 - 4 \cdot (-2) \cdot (b^2 - b)$$

Daí:

$$\Delta = b^2 - 4b + 4 + 8b^2 - 8b \Rightarrow \Delta = 9b^2 - 12b + 4$$

Fatorando o discriminante:

$$\Delta = (3b-2)^2$$

Logo teremos:

$$a_{1,2} = \frac{-[-(b-2)] \pm \sqrt{(3b-2)^2}}{2 \cdot (-2)}$$

Então:

$$a_1 = \frac{b-2+3b-2}{-4} \cdot a_1 = \frac{4b-4}{-4}$$

Neste caso:

$$-4a_1 = 4b - 4 \Rightarrow a_1 + b = 1$$

Que não nos serve como solução, como já vimos anteriormente, pois não faz parte do conjunto universo. Ou:

$$a_2 = \frac{b-2-3b+2}{-4} \Rightarrow a_2 = \frac{-2b}{-4}$$

Neste caso:

$$\frac{a_2}{b} = \frac{1}{2}$$

Que foi o que encontramos, com muito menos esforço na solução 1. Opção C.

8) Lembrando que para multiplicar dois ou mais radicais com o mesmo índice só precisamos multiplicar os radicandos, encontraremos a solução multiplicando os termos da expressão:

$$E = \sqrt{(2+\sqrt{3})(2-\sqrt{3})}$$

Lembrando que o produto $(a-b)(a+b) = a^2 - b^2$:

$$E = \sqrt{4-3} \Rightarrow E = 1$$

Opção D.

9) Vamos dividir usando o método da chave:

$$\begin{array}{r|l}
5x^4 - 3x^2 + 6x - 1 & x^2 + x + 1 \\
\cline{2-2}
-5x^4 - 5x^3 - 5x^2 & 5x^2 - 5x - 3 \\
\hline
-5x^3 - 8x^2 + 6x - 1 & \\
+5x^3 + 5x^2 + 5x & \\
\hline
-3x^2 + 11x - 1 & \\
3x^2 + 3x + 3 & \\
\hline
14x + 2 &
\end{array}$$

Assim, temos $r(x) = 14x + 2$, logo, $r(-1) = -12$ e, ainda, $q(x) = 5x^2 - 5x - 3$, portanto, $q(-1) = 7$. Opção D.

10) Primeiro colocamos todos os lados com a mesma unidade de medida, ou seja, 13 cm, 5 cm e 12 cm. Fica evidente que a hipotenusa é 13 cm. Logo a área será:

$$\frac{5 \times 12}{2} = 30\,\text{cm}^2$$

Opção B.

11) A diferença $x_1 - x_2$ entre as raízes reais de uma equação do segundo grau pode ser calculada usando a expressão:

$$x_1 - x_2 = \frac{\sqrt{\Delta}}{a}$$

Sendo $x_1 > x_2$. Daí:

$$x_1 - x_2 = \frac{\sqrt{(2k)^2 - 4 \cdot 1 \cdot 16}}{1}$$

Continuando:

$$\sqrt{(2k)^2 - 4 \cdot 1 \cdot 16} = 6 \Rightarrow 4k^2 - 64 = 36$$

Assim:

$$4k^2 = 100 \Rightarrow k^2 = 25 \Rightarrow k = \pm 5$$

Como $k > 0$, temos $k = 5$. Opção D.

12) Se os ângulos são proporcionais aos lados a 2, 7 e 9, podemos escrevê-los como $2x$, $7x$ e $9x$. Como a soma dos ângulos internos vale 180°:

$$2x + 7x + 9x = 180° \Rightarrow 18x = 180° \Rightarrow x = 10°$$

O menor ângulo, portanto, mede 20°. Opção E.

13) Em um primeiro momento, a pessoa tem x na mão direita e $x + 9$ na mão esquerda. Depois, levando 3 moedas da mão direita para a mão esquerda ficará agora com $x - 3$ na mão direita e $x + 9 + 3$ na mão esquerda. Logo:

$$x + 12 = 30 \Rightarrow x = 18$$

Opção C.

14) Vamos supor que o capital investido seja C_0. A um regime de juros simples, em n meses os juros j serão:

$$j = n \cdot \frac{5}{100} \cdot C_0$$

O montante (juros mais capital investido) será o triplo do capital investido, ou seja:

$$3C_0 = n \cdot \frac{5}{100} \cdot C_0 + C_0$$

Logo:

$$2C_0 = n \cdot \frac{1}{20} \cdot C_0 \Rightarrow n = 40$$

Opção A.

15) Dividindo o preço final (após o desconto) pelo preço inicial:

$$\frac{1100}{1250} = \frac{44 \cdot 25}{50 \cdot 25} = 0,88 = 88\%$$

O desconto, foi portanto, de 12%. Opção C.

Capítulo 24

Matemática 2013/2014

1) Se o desconto é de 28% o preço de venda p é de 72% do preço original, ou seja:

$$p = \frac{72}{100} \cdot 915 \Rightarrow p = 658,8$$

Opção C.

2) Vamos representar todas as opções em algarismos indo-arábicos:

(A) 445 (B) 745 (C) 715 (D) 415 (E) 825

Opção B.

3) Respeitando os sinais de associação e a ordem das operações teremos:

$$X = (20 - 4 \div 2) + (8 \cdot 4 - 2) \Rightarrow X = (20 - 2) + (32 - 2)$$

Daí:

$$X = 18 + 30 \Rightarrow X = 48$$

Opção E.

4) Basta agruparmos os termos semelhantes da equação literal em x:

$$7x + p = 3x + 7p \Rightarrow 7x - 3x = 7p - p \Rightarrow 4x = 6p \Rightarrow x = \frac{3p}{2}$$

Opção E.

5) O problema em questão pode ser resolvido por uma regra de três simples:

Marinheiros		Horas
3	$\longrightarrow$	2
4	$\longrightarrow$	h

Como as grandezas são inversamente proporcionais, podemos escrever:

$$\frac{3}{4} = \frac{h}{2} \Rightarrow h = \frac{6}{4} \Rightarrow h = 1,5\,\text{horas}$$

Passando para minutos:

$$h = 1,5 \cdot 60 \Rightarrow h = 90\,\text{minutos}$$

Opção A.

6) Lembrando que número natural primo é aquele que possui apenas dois divisores distintos: o 1 e o próprio número. Isto já exclui o 1 e todos os números pares maiores do que 2. Sendo assim, são primos entre 25 e 42:

$$29, 31, 37, 41$$

Opção B.

7) O triângulo é retângulo em A e seus catetos são 12 e 5. Usando o teorema

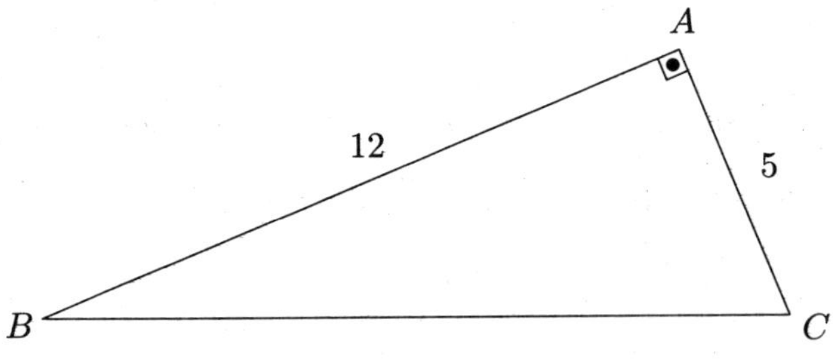

de Pitágoras podemos escrever:

$$\overline{BC}^2 = \overline{AB}^2 + \overline{AC}^2$$

Logo:

$$\overline{BC}^2 = 12^2 + 5^2 \Rightarrow \overline{BC}^2 = 144 + 25 \Rightarrow \overline{BC}^2 = 169$$

Então:

$$\overline{BC} = 13\,\text{cm}$$

Então o perímetro será:

$$2p = 13 + 12 + 5 \Rightarrow 2p = 30\,\text{cm}$$

Opção B.

8) Calculando separadamente, teremos:

$$A = 2 - \frac{1}{4} \Rightarrow A = \frac{8-1}{4} \Rightarrow A = \frac{7}{4}$$

E

$$B = 5 + \frac{1}{2} \Rightarrow B = \frac{10+1}{2} \Rightarrow B = \frac{11}{2}$$

Calculando $\frac{A}{B}$:

$$\frac{A}{B} = \frac{\frac{7}{4}}{\frac{11}{2}} = \frac{7}{4} \times \frac{2}{11} = \frac{7}{22}$$

Opção D.

9) Calculando a circunferência C do prato de raio R encontramos:

$$C = 2\pi R \Rightarrow C = 2 \cdot 3,1 \cdot 12 \Rightarrow C = 74,4\,\text{cm}$$

Opção D.

10) Para calcular o valor de Y, fatoramos cada radicando:

$$Y = \sqrt{2^5} - \sqrt{2^3} \Rightarrow Y = 4\sqrt{2} - 2\sqrt{2} \Rightarrow Y = 2\sqrt{2}$$

Opção E.

11) Primeiro calculamos o total T de picolés vendidos:

$$T = 105 + 109 + 118 \Rightarrow T = 332\,\text{picolés}$$

A quantidade F que ainda falta será:

$$F = 400 - 332 \Rightarrow F = 68\,\text{picolés}$$

Opção C.

12) Solucionando a equação:

$$3x - 4 = 2 \Rightarrow 3x = 6 \Rightarrow x = 2$$

Opção C.

13) Fazendo a soma termo a termo teremos:

$$\begin{array}{rr} & 10^\circ\, 20'\, 30'' \\ + & 30^\circ\, 50'\, 10'' \\ \hline & 40^\circ\, 70'\, 40'' \end{array}$$

Como $60' = 1^\circ$ teremos $41^\circ\, 10'\, 40''$. Opção D.

14) Para que uma equação do segundo grau tenha raízes reais e iguais, o discriminante deve ser nulo, ou seja:

$$\Delta = 0$$

Como sabemos que

$$\Delta = b^2 - 4ac$$

Ou seja:

$$b^2 - 4ac = 0 \Rightarrow (-2)^2 - 4 \cdot 3 \cdot k = 0$$

Daí temos:

$$4 - 12k = 0 \Rightarrow k = \frac{1}{3}$$

Opção A.

15) Solução 1: Traçamos uma paralela a a e b passando por B, fazendo dois ângulos α e β. Repare que, com isso teremos:

$$\alpha + 140^\circ = 180^\circ \Rightarrow \alpha = 40^\circ$$

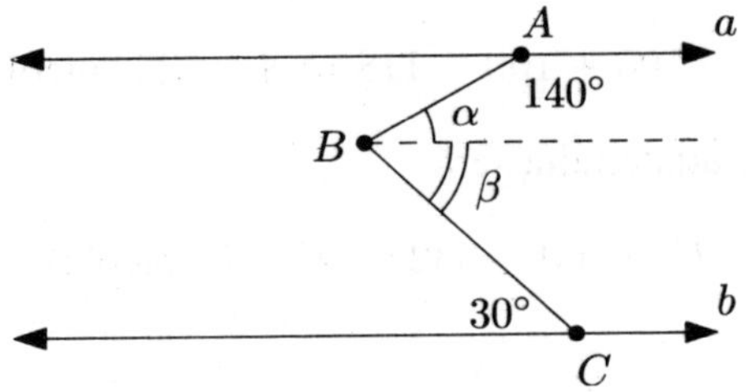

Pelo mesmo motivo temos $\beta = 30^\circ$. Mas queremos $x = \alpha + \beta$:

$$\alpha + \beta = 30^\circ + 40^\circ = 70^\circ$$

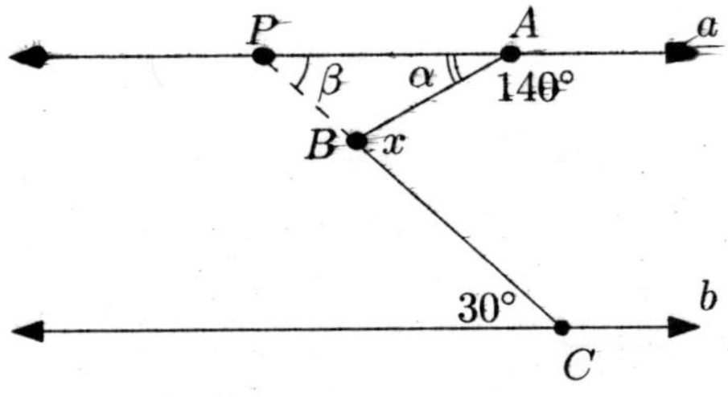

Solução 2: Podemos prolongar o segmento BC até encontrar a no ponto P. É fácil ver que $\beta = 30°$, pois são alternos internos. Em A, vemos que $\alpha + 140° = 180°$, logo $\alpha = 40°$. Repare que x é ângulo externo do triângulo PAB, daí:

$$x = \alpha + \beta \Rightarrow x = 40° + 30° \Rightarrow x = 70°$$

Opção D.

Capítulo 25

Matemática 2014/2015

1) Seja a equação dada:

$$2 \cdot (3x + 2) = 2 \cdot (4 - x)$$

Desenvolvendo:

$$6x + 4 = 8 - 2x \Rightarrow 6x + 2x = 8 - 4 \Rightarrow 8x = 4 \Rightarrow x = 0,5$$

Opção A.

2) Na divisão euclidiana entre números naturais, se n é o dividendo, d é o divisor, q é o quociente e r é o resto temos

$$n = dq + r$$

Além disso, o resto vai de zero – quando a divisão é dita exata – até $d - 1$, pois, caso contrário, a divisão continuaria, portanto, r deve ser tal que $0 \leq r < d$. Daí, se o divisor é 12 e o resto é o maior possível, temos $r = 11$. Logo:

$$n = 12 \cdot 8 + 11 \Rightarrow n = 107$$

Opção D.

3) Primeiro vamos calcular o total de lixo recolhido:

$$250 + 80 + 30 + 60 = 420$$

Agora calculamos a fração pedida

$$\frac{60}{420} = \frac{6}{42} = \frac{1}{7}$$

Opção E.

4) Solucionando a equação dada:

$$x^2 - 3x + 2 = 0$$

Calculando o discriminante:

$$\Delta = (-3)^2 - 4 \cdot 1 \cdot 2 \Rightarrow \Delta = 9 - 8 \Rightarrow \Delta = 1$$

Assim temos:

$$x_{1,2} = \frac{-(-3) \pm \sqrt{1}}{2 \cdot 1}$$

E, portanto:

$$x_1 = \frac{3+1}{2} \Rightarrow x_1 = 2$$

E

$$x_2 = \frac{3-1}{2} \Rightarrow x_2 = 1$$

Opção D.

5) Tomemos os números naturais em sequência e veremos que $4^2 = 16$, logo $4^2 < 20$; $5^2 = 25$, então está dentro do intervalo esperado; e $6^2 = 36$ que, claro, é maior que 30. Portanto, o único quadrado perfeito entre 20 e 30 é 25. Esta era a idade da professora quando o filho dela nasceu. A idade do filho hoje é um cubo entre 5 e 10, logo é 8. A mãe tem, portanto, $25 + 8 = 33$ anos. Assim a soma das idades é 41. Opção B.

6) Basta dividir o novo preço pelo anterior:

$$\frac{560}{500} = 1,12 = 1 + 0,12 = \frac{100}{100} + \frac{12}{100}$$

O acréscimo é então de 12%.

OBSERVAÇÃO: Esta ideia de observar o fator multiplicativo para determinar a porcentagem é chamada de variação percentual. Considere um acréscimo de x por cento sobre uma quantia y:

$$y + \frac{x}{100} \cdot y = y\left(1 + \frac{x}{100}\right)$$

Veja que, nesta questão, $x = 12$. Opção C.

7:) Seja h a altura a partir do solo. Basta calcular o seno do ângulo de $60°$:

$$\operatorname{sen} 60° = \frac{h}{50} \Rightarrow h = 50 \cdot \operatorname{sen} 60° \Rightarrow h = \frac{50 \cdot \sqrt{3}}{2} \Rightarrow h \approx 42,5\,\text{m}$$

Opção C.

8) Em problemas deste tipo, devemos começar resolvendo o radical "mais interno" e aos poucos calcular aos radicais mais "externos". Desenvolvendo a expressão dada:

$$\sqrt{13 + \sqrt[3]{25 + \sqrt{8 - \sqrt[3]{64}}}} = \sqrt{13 + \sqrt[3]{25 + \sqrt{8 - 4}}} = \sqrt{13 + \sqrt[3]{25 + 2}} =$$

Continuando:

$$= \sqrt{13 + 3} = 4$$

Opção A.

9) Se o carro de João percorre 12 km para cada litro, então, para percorrer 600 km, ele usará $\frac{600}{12} = 50$ litros. Se o custo de 1 litro é de R\$ $2,87$, para 50 litros teremos $50 \times 2,87 = 143,50$. Opção E.

10) Basta somar os lados:

$$X + X + Y + X + 2Y + Z + Z + Y = 3X + 4Y + 2Z$$

Opção B.

11) De acordo com o enunciado, as faces que estão para baixo são 6, 5, 1, 4, 5, 5, 2 e 6. A soma será, portanto:

$$6 + 5 + 1 + 4 + 5 + 5 + 2 + 6 = 34$$

Opção C.

12) Para obter o volume em litros só precisamos usar as medidas em decímetros, pois $1\,\text{dm}^3 = 1\,\ell$, daí o volume a ser calculado é:

$$20 \times 15 \times 10 = 3000\,\ell$$

Opção D.

13) Repetindo a sequência dada como algoritmo temos:

$$\{[(-20) \times (-3)] \div (-5)\} - 8 + 4 = \{[60] \div (-5)\} - 4 =$$
$$= -12 - 4 = -16$$

Opção A.

14) Primeiro calcularemos a área total A da praça:

$$A = 12^2 = 144\,\text{m}^2$$

Agora calculamos a área em branco A_b:

$$A_b = 4 \cdot \frac{4 \cdot 4}{2} = 32\,\text{m}^2$$

A área cinza A_c é a diferença entre a área total A e a área em branco A_b, ou seja:

$$A_c = A - A_b$$

Substituindo os valores anteriores:

$$A_c = 144 - 32 \Rightarrow A_c = 112\,\text{m}^2$$

Opção E.

15) Usando as propriedades de potenciação:

$$\frac{2^{2014}}{2} = 2^{2014-1} = 2^{2013}$$

Opção D.

Capítulo 26

Matemática 2015/2016

1) Vamos chamar os lados do terreno retangular de x e y. Neste caso a área é $xy = 200$ e o perímetro é $2x + 2y = 60$. Podemos então escrever:

$$2x + 2y = 60 \Rightarrow x + y = 30 \Rightarrow y = 30 - x$$

Usando a expressão da área:

$$x(30 - x) = 200 \Rightarrow -x^2 + 30x - 200 = 0$$

Calculando o discriminante:

$$\Delta = 30^2 - 4 \cdot (-1) \cdot (-200) \Rightarrow \Delta = 900 - 800 \Rightarrow \Delta = 100$$

Portanto:

$$x_{1,2} = \frac{-30 \pm \sqrt{100}}{2 \cdot (-1)}$$

Assim:

$$x_1 = \frac{-30 + 10}{-2} \Rightarrow x_1 = 10 \Rightarrow y_1 = 20$$

E

$$x_2 = \frac{-30 - 10}{-2} \Rightarrow x_2 = 20 \Rightarrow y_2 = 10$$

Observação: Repare que, neste caso, você pode testar as soluções e chegar à opção correta. Opção D.

2) Vamos escrever os conjuntos:

$$A = \{3, 6, 9, 12, 15, 18, 21, 24, 27, \ldots\}$$

$$B = \{5, 10, 15, 20, 25, 30, 35, 40, 45, \dots\}$$
$$C = \{12, 24, 36, 48, 60, \dots\}$$

Repare que, se continuarmos escrevendo os múltiplos de cada número, eles só coincidirão nos múltiplos positivos de 60. Isto ocorre, simplesmente porque $\text{mmc}(3, 5, 12) = 60$. Opção E.

3) Suponha que o capital investido seja C e que o montante M seja dado pela expressão:

$$M = C + Cit$$

Na qual, i é a taxa de juros e t o tempo em que o capital ficou investido. Assim:

$$3C = C + C \cdot \frac{5}{100} \cdot t \Rightarrow \frac{Ct}{20} = 2C \Rightarrow t = 40 \,\text{meses}$$

Que correspondem a 3 anos e 6 meses. Opção C.

4) Se o diâmetro vale 40 cm, o raio vale 20 cm. Chamamos a corda de $AB = 24$ cm e marcamos seu ponto médio M. Veja na figura 26.1.

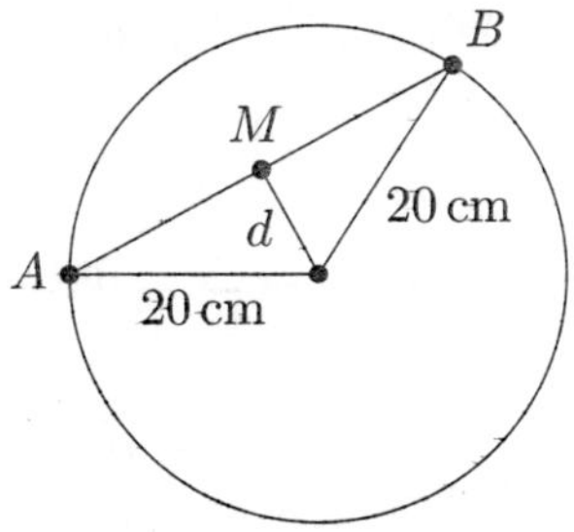

Figura 26.1: A corda AB "fecha" um triângulo isósceles com o centro do círculo.

Pelas propriedades do triângulo isósceles teremos:

$$20^2 = d^2 + MB^2 \Rightarrow 400 = d^2 + 12^2 \Rightarrow d^2 = 400 - 144$$

Logo

$$d = \sqrt{256} \Rightarrow d = 16 \,\text{cm}$$

Opção C.

5) Primeiro calculamos a área total da parede que é retangular:

$$8 \times 3 = 24\,\text{m}^2$$

Cada azulejo de lado 40 cm (ou $0,4$ m) possui área de $0,4 \times 0,4 = 0,16$ cm^2. Fazendo a divisão da área da parede pela área de cada azulejo:

$$\frac{24}{0,16} = 150$$

Adicionando 10% teremos:

$$150 + \frac{10}{100} \cdot 150 = 165\,\text{azulejos}$$

Opção B.

6) Basta efetuar o produto:

$$(\sqrt{3} - \sqrt{2}) \cdot (\sqrt{3} + \sqrt{2}) = 3 + \sqrt{6} - \sqrt{6} - 2 = 1$$

Opção B.

7) Podemos usar proporção inversa. O dobro da velocidade levará a metade do tempo, ou seja, 2 horas. Mas podemos calcular a distância:

$$9 = \frac{d}{4} \Rightarrow d = 36\,\text{km}$$

Recalculando para uma velocidade de 18 km/h:

$$18 = \frac{36}{t} \Rightarrow t = 2\,\text{h}$$

Opção B.

8) Sabemos que a área A de um círculo de raio r pode ser calculada como $A = \pi r^2$. Logo:

$$121\pi = \pi r^2 \Rightarrow r^2 = 121 \Rightarrow r = 11\,\text{cm}$$

Opção D.

9) A soma S das raízes de uma equação do segundo grau no formato $ax^2 + bx + c = 0$ é dada por $S = -\frac{b}{a}$, logo:

$$S = -\frac{-11}{4} \Rightarrow S = \frac{11}{4}$$

Opção A.

10) Basta fatorar 75, logo:

$$\sqrt{75} = \sqrt{25 \cdot 3} = 5\sqrt{3}$$

Opção E.

11) Lembre-se, a multiplicação tem prioridade sobre a adição e a subtração:

$$5 - 3 + 2 \cdot 4 - 1 = 2 + 8 - 1 = 9$$

Opção C.

12) O número dentro da raiz deve ser positivo ou nulo:

$$2x - 3 \geq 0 \Rightarrow x \geq \frac{3}{2}$$

Opção A.

13) Sabemos que o lado ℓ de um triângulo equilátero e sua altura se relacionam por $h = \frac{\ell\sqrt{3}}{2}$, daí:

$$12 = \frac{\ell\sqrt{3}}{2} \Rightarrow \ell = \frac{24}{\sqrt{3}}$$

Racionalizando:

$$\ell = \frac{24 \cdot \sqrt{3}}{\sqrt{3} \cdot \sqrt{3}} \Rightarrow \ell = 8\sqrt{3}\,\text{cm}$$

Opção C.

14) Vamos esquematizar a situação por meio de uma figura ilustrativa (figura 26.2). Chamaremos de ponto D, o ponto de decolagem do avião, H o ponto em que o avião se encontra e G o ponto de onde o garoto observa o avião que está sobre ele.

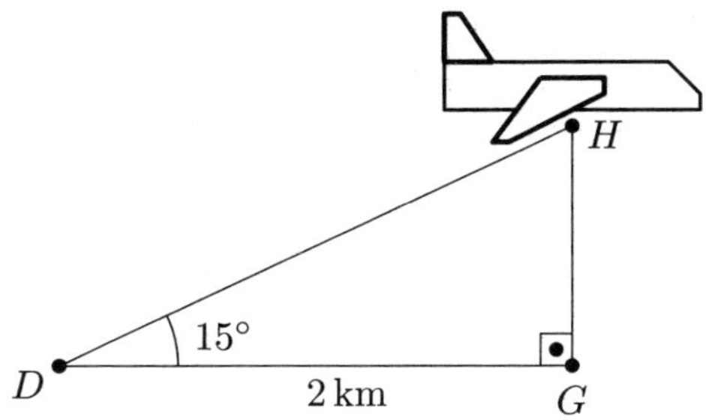

Figura 26.2: Esquema simplificado com o ponto de decolagem (D), o avião (H) e o garoto (G).

Basta agora calcularmos a tangente do ângulo de $15°$:

$$\tan 15° = \frac{HG}{DG} \Rightarrow 0,27 = \frac{HG}{2} \Rightarrow HG = 0,54\,\text{km}$$

Passando para metros encontramos 540 m. Opção B.

15) É importante lembrar que em um relógio analógico (de ponteiros), há 12 setores de $30°$, divididos em intervalos de 5 minutos. Assim, o ponteiro dos minutos percorreu um ângulo de $120°$, ou seja 4 intervalos de 5 minutos cada. Já o ponteiro das horas, que às 15 h está sobre o número 3 do relógio, percorrerá um ângulo que precisamos determinar. O ponteiro das horas percorre $30°$ a cada 1 h (60 minutos). Então:

$$\frac{30°}{60} = \frac{x}{20}$$

O ponteiro das horas percorrerá então x graus nestes 20 minutos, assim $x = 10°$. Daí, o ponteiro das horas "andou" $10°$ a partir do 3 do relógio e o ponteiro dos minutos "andou" até o número 4. A diferença é, portanto, de $20°$. Opção C.

Capítulo 27

Matemática 2016/2017

16) Como a bomba enche duas caixas de 500 litros cada, ela enche 1000 litros em 3 horas. Isto nos diz que a vazão v da bomba é de $v = \frac{1000}{3}$ litros/hora. Para 750 litros teremos:

$$\frac{750}{t} = \frac{1000}{3} \Rightarrow t = 2,25\,\text{h}$$

Passando $0,25$ h para minutos temos $0,25 \times 60 = 15$ min. Logo o tempo total é de 2 h 25 min. Opção B.

17) O número de elementos da união de dois conjuntos A e B é:

$$n(A \cup B) = n(A) + n(B) - n(A \cap B)$$

Assim:

$$400 = 190 + 250 - x$$

Logo:

$$x = 40$$

Opção B.

18) Solucionando a inequação:

$$3x + 5 > -7x + 3$$

Então:

$$10x > -2 \Rightarrow x > -\frac{2}{10}$$

Que é o mesmo que $]-\frac{2}{10},+\infty[$. Opção C.

19) Fatorando A e B encontramos:

$$A = 2^3 \cdot 3 \cdot 5$$

E

$$B = 2^5 \cdot 5$$

Então, pelas definições de mmc e mdc, teremos:

$$\text{mdc}(A,B) = 2^3 \cdot 5 \Rightarrow y = 40$$

E

$$\text{mmc}(A,B) = 2^5 \cdot 3 \cdot 5 \Rightarrow x = 480$$

Então, $x + y = 40 + 480$, ou seja, $x + y = 520$. Opção D.

20) Uma função do tipo $f(x) = ax + b$ é decrescente em seu domínio se, e somente se, $a < 0$, logo a função é decrescente para todos os reais. Opção C.

21) A expressão dada é uma diferença de quadrados, então:

$$x^2 - (y-2x)^2 = (x-(y-2x)) \cdot (x+(y-2x))$$

Desenvolvendo:

$$x^2 - (y-2x)^2 = (3x-y) \cdot (y-x)$$

Opção D.

22) Desenvolvendo:

$$y = \frac{2}{5} \cdot 2 + 5 \cdot \frac{3}{2} - \frac{1}{2} \cdot 2$$

$$y = \frac{4}{5} + \frac{15}{2} - 1$$

Continuando, igualando os denominadores:

$$y = \frac{4 \cdot 2 + 15 \cdot 5 - 10}{10} \Rightarrow y = \frac{8 + 75 - 10}{10} \Rightarrow y = 7,3$$

Opção D.

23) Como são 3 vagões com 40 passageiros o total é de 120 passageiros. Só $\frac{2}{8}$ estão desocupados, isto é, $\frac{1}{4}$, logo $\frac{1}{4} \cdot 120 = 30$, sabemos que 90 estão ocupados. Se $\frac{2}{3} \cdot 90 = 60$ são homens, as mulheres são em número de 30. Opção B.

24) Usando a função dada e calculando a expressão pedida temos:

$$f(2) - 3 \cdot f(-2) = 6 - 5 \cdot 2 - 3(6 - 5 \cdot (-2))$$

Logo:

$$f(2) - 3 \cdot f(-2) = 6 - 10 - 3(6 + 10)$$

E

$$f(2) - 3 \cdot f(-2) = 6 - 10 - 48 \Rightarrow f(2) - 3 \cdot f(-2) = -52$$

Opção A.

25) Para calcular a média m das raízes x_1 e x_2 devemos fazer:

$$m = \frac{x_1 + x_2}{2}$$

Que é a soma das raízes dividida por 2, então:

$$m = \frac{-\frac{22}{2}}{2} \Rightarrow m = -5,5$$

Como observação, vale ressaltar que nada é dito sobre que tipo de média seria calculada (aritmética, geométrica, harmônica, etc.) então usamos a aritmética. Opção E.

26) O comprimento horizontal H é a soma dos comprimentos horizontais dos 10 degraus:

$$H = 10 \times 30 \Rightarrow H = 300\,\text{cm}$$

Sabendo que $\tan 53° = \frac{\text{sen}\, 53°}{\cos 53°}$ temos:

$$\tan 53° = \frac{0,8}{0,6} \Rightarrow \tan = \frac{4}{3}$$

Como a tangente é a razão entre o cateto oposto V sobre o cateto adjacente H:

$$\frac{4}{3} = \frac{V}{H} \Rightarrow V = 400\,\text{cm}$$

Como são 10 degraus a altura de cada um é de 40 cm. Opção C.

27) Como observação veja que o enunciado não diz que $ABCD$ é retângulo, porém, sem isso, não há como solucionar o problema *a priori*. Então, a área pedida depende do tamanho BC, como, supostamente ΔBCD é retângulo, teremos, pelo teorema de Pitágoras:

$$BD^2 = CD^2 + BC^2$$

Logo:

$$5^2 = 3^2 + BC^2 \Rightarrow BC^2 = 25 - 9 \Rightarrow BC = 4\,\text{cm}$$

A área do triângulo ΔABD é:

$$(ABD) = \frac{AB \cdot AD}{2}$$

Logo:

$$(ABD) = \frac{3 \times 4}{2} \Rightarrow (ABD) = 6\,\text{cm}^2$$

A área da semicircunferência será:

$$A = \frac{\pi \cdot AE^2}{2}$$

Logo:

$$A = \frac{\pi \cdot 2^2}{2} \Rightarrow A = 6\,\text{cm}^2$$

Portanto, a área total $T = (ABD) + A$:

$$T = 6 + 6 \Rightarrow T = 12\,\text{cm}$$

Opção B.

28) O comprimento C da circunferência de raio R é dado por $C = 2\pi R$. Como são quatro voltas e o diâmetro ($d = 74$ cm) da roda é o dobro do raio da mesma, temos $R = 37$ cm e podemos calcular a distância D:

$$D = 4 \times 2\pi R \Rightarrow D = 4 \cdot 2 \cdot 3 \cdot 37$$

Então:

$$D = 888\,\text{cm} \Rightarrow D = 8,88\,\text{m}$$

Opção C.

29) Fazendo a conta simples e direta teremos:

$$140 = \left(\frac{7}{100} + \frac{15}{100} + \frac{10}{100} + \frac{3}{100} + \frac{x}{100} \right) \cdot 140$$

Calculando x:

$$1 = \frac{35 + x}{100} \Rightarrow 100 = 35 + x \Rightarrow x = 65$$

Calculando o total:

$$\frac{65}{100} \times 140 = 91$$

Opção D.

30) Seja u a quantidade de moedas de um real e c a quantidade de moedas de 50 centavos. Dos dados do enunciado teremos:

$$\begin{cases} u + c = 12 \\ u + 0,5c = 8 \end{cases}$$

Subtraindo a primeira equação da segunda:

$$0,5c = 4 \Rightarrow c = 8$$

Voltando ao sistema teremos $u = 4$. Veja que o problema foi, no mínimo, mal escrito. Bastava usar as opções e acharíamos a resposta. Além disso, embora isto não interfira, o enunciado não diz “respectivamente”. Opção B.

Capítulo 28

Matemática 2017/2018

16) Do enunciado podemos escrever:

$$\left(x - \frac{2}{x}\right)^2 = a^2$$

Desenvolvendo o produto notável teremos:

$$x^2 - 2 \cdot x \cdot \frac{2}{x} + \frac{4}{x^2} = a^2$$

Ou seja:

$$x^2 - 4 + \frac{4}{x^2} = a^2 \Rightarrow x^2 + + \frac{4}{x^2} = a^2 + 4$$

Que está na opção A[1].

17) A soma S das áreas hachuradas (que são idênticas entre si) é igual á área $(ABCD)$ do quadrado subtraída das áreas A_I e A_{II} dos dois quadrados menores, veja:

$$(ABCD) = S + A_I + A_{II}$$

Então:

$$S = (ABCD) - A_I - A_{II}$$

Assim:

$$S = (4\sqrt{3})^2 - [4\sqrt{3} - (2\sqrt{3} - 1)]^2 - (2\sqrt{3} - 1)^2$$

[1]Modificamos o enunciado que continha um pequeno erro de digitação.

Desenvolvendo:

$$S = (4\sqrt{3})^2 - (2\sqrt{3}+1)^2 - (2\sqrt{3}-1)^2$$

Continuando:

$$S = (4\sqrt{3})^2 - [(2\sqrt{3})^2 + 2\cdot 2\sqrt{3}\cdot 1 + 1^2] - (2\sqrt{3}-1)^2$$
$$S = 48 - (2\sqrt{3})^2 - 4\sqrt{3} - 1 - (12 - 4\sqrt{3} + 1)$$

Simplificando os termos semelhantes:

$$S = 48 - 12 - 14 \Rightarrow S = 22$$

Daí temos a opção B.

18) Vamos traçar duas paralelas u e t auxiliares como na figura 28.1:

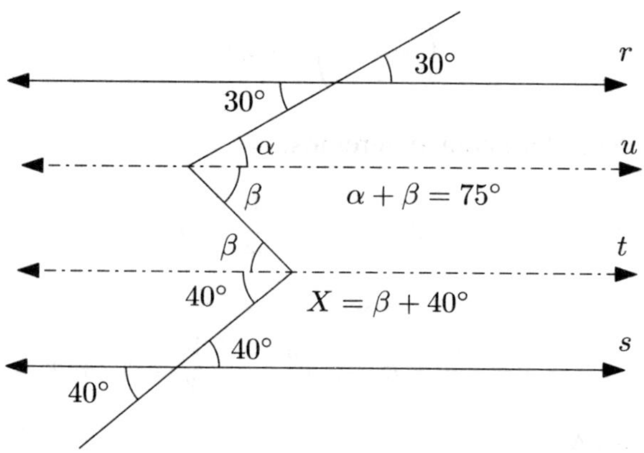

Figura 28.1

Vemos que $\alpha = 30°$, pois são ângulos correspondentes; logo $\beta = 45°$. Daí $X = 45° + 40° = 85°$. Opção B.

19) Vamos calcular as áreas P das portas:

$$P = 2 \cdot 210 \times 80 = 33600\,\text{cm}^2$$

Em metros quadrados $P = 3,36$ m^2. A área J da janela:

$$J = 150 \times 110 = 16500\,\text{cm}^2$$

Em metros quadrados $J = 1,65\ \text{m}^2$. Agora vamos às paredes que são de dois tipos: $5,0 \times 3,0$ metros quadrados e $4,0 \times 3,0$ metros quadrados; logo a área total A das paredes será:

$$A = 2 \times 5,0 \times 3,0 + 2 \times 4,0 \times 3,0 = 30 + 24 = 54\,\text{m}^2$$

Daí, descontando portas e janelas, teremos a área Z dos azulejos:

$$Z = A - P - J$$

Então:

$$Z = 54 - 3,36 - 1,65 \Rightarrow Z = 48,99\,\text{m}^2$$

Devem ser comprados, portanto, 49 metros quadrados. Opção C.

20) Das propriedades do produto cartesiano temos:

$$n(A \times B) = n(A) \cdot n(B)$$

Então:

$$x^2 + 10x - 27 = (2x - 3) \cdot (x - 5)$$

Portanto:

$$x^2 + 10x - 27 = 2x^2 - 10x - 3x + 15$$

Continuando:

$$x^2 - 23x + 42 = 0$$

Resolvendo encontramos $x = 2$ ou $x = 21$. Porém $n(B) > 0$, logo só convém $x = 21$; que é um múltiplo de 7. Opção C.

21) Do enunciado:

$$f(3) = \frac{3+k}{p} \Rightarrow \frac{3+k}{p} = 2 \Rightarrow 2p = 3 + k$$

E

$$f(5) = \frac{5+k}{p} \Rightarrow \frac{5+k}{p} = 4 \Rightarrow 4p = 5 + k$$

Comparando estas duas equações teremos:

$$5 + k = 6 + 2k \Rightarrow k = -1$$

Daí:

$$2p = 3 - 1 \Rightarrow p = 1$$

Portanto, $k + p = 0$, opção A.

22) Da definição de complementar teremos:

$$\overline{A} = U - A = \{q, r, s, t, u\}$$

Da definição de interseção, sabemos que $\{o, p\} \subset A$ e, da definição de união, que m e n pertencem à A ou à B. Podemos concluir que s, t e u não pertencem a A nem a B, são elementos apenas de U e q e r não pentencem a A, porntanto pertencem apenas a B. Finalmente:

$$B = \{o, p, q, r\}$$

e

$$A = \{m, n, o, p\}$$

Um diagrama ajuda a entender, veja a figura 28.2.

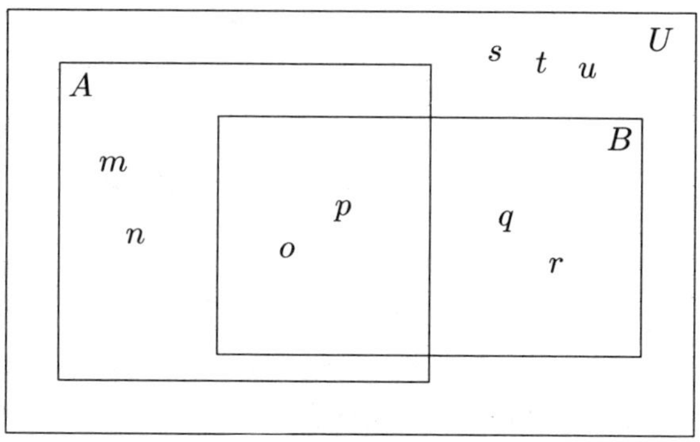

Figura 28.2

Portanto, tanto A, quanto B possuem quatro elementos.

23) Do enunciado:

$$\frac{y}{4} = \frac{3}{6 - 2\sqrt{3}}$$

Multiplicando ambos os termos por 4 e racionalizando:

$$y = \frac{12}{6 - 2\sqrt{3}} \cdot \frac{6 + 2\sqrt{3}}{6 + 2\sqrt{3}}$$

Continuando:

$$y = \frac{12(6 + 2\sqrt{3})}{36 - 12} \Rightarrow y = \frac{24(3 + \sqrt{3})}{24} \Rightarrow y = 3 + \sqrt{3}$$

Temos a opção E.

24) Do enunciado temos $x + 2y = -7$ e $3x - y = 7$. Da primeira podemos escrever $x = -2y - 7$ e substituindo na segunda:

$$3 \cdot (-2y - 7) - y = 7$$

Logo:

$$-6y - 21 - y = 7 \Rightarrow -7y = 28 \Rightarrow y = -4$$

Daí temos $x = -2 \cdot (-4) - 7$, ou seja, $x = 1$. Então $xy = -4$. Opção D.

25) O número d de divisores de N é:

$$d = (3 + 1) \cdot (p + 1) = 20 \Rightarrow p + 1 = 5 \Rightarrow p = 4$$

Opção C.

26) Seja h a diferença de altura entre os pilares. Deste modo usando a tangente de 30°:

$$\tan 30^\circ = \frac{h}{3} \Rightarrow \frac{\sqrt{3}}{3} = \frac{h}{3}$$

Portanto $h = \sqrt{3}$. Logo a altura do maior pilar será $4 + \sqrt{3} = 4 + 1,7 = 5,7$ m, aproximadamente. Opção B.

27) Pelo enunciado, os selos que são múltiplos de 9 entre 0 e 300 serão raros. As páginas tem 15 selos cada. Como o $\text{mmc}(9, 15) = 45$, o 45º selo é raro e é o útimo da página, bem como 90º, 135º, etc. Deste modo, o último selo raro a terminar um página será o de número 270. Como cada página tem 15 selos, a página será a de número $\frac{270}{15} = 18$. Opção D.

28) Desconsiderando a questão do horário de verão o avião chegaria ao Rio de Janeiro às 11 h 30 min. Por conta do horário de verão serão 12 h e 30 min no Rio de Janeiro. Opção E[2].

[2] A título de curiosidade o fuso do RJ é GMT $-3:00$ e o de Saint Jonh's é GMT $-3:30$.

29) Como $\overline{AC} \perp \overline{CD}$, o triângulo ACD é retângulo em C. Como ele é isósceles, temos $AC = CD = x$. E, pelo Teorema de Pitágoras:

$$AD^2 = AC^2 + CD^2$$

Logo:

$$(10\sqrt{2})^2 = x^2 + x^2 \Rightarrow 200 = 2x^2 \Rightarrow x^2 = 100$$

Então $x = 10$ e $AC = AB + BC$, portanto:

$$10 = 3 + BC \Rightarrow BC = 7\,\text{cm}$$

Agora basta usar novamente o Teorema de Pitágoras no triângulo BCD

$$BD^2 = BC^2 + CD^2$$

Logo:

$$BD^2 = 7^2 + 10^2 \Rightarrow BD^2 = 49 + 100 \Rightarrow BD = \sqrt{149}\,\text{cm}$$

A correta é então a opção D.

30) Solução 1: Vamos igualar a expressão à zero para calcular as raízes:

$$k^2 - 10k - 24 = 0$$

Calculando Δ:

$$\Delta = (-10)^2 - 4 \cdot 1 \cdot (-24) = 196$$

Então teremos:

$$x_1 = \frac{-(-10) + \sqrt{196}}{2 \cdot 1} \Rightarrow x_1 = \frac{10 + 14}{2} = 12$$

E

$$x_2 = \frac{-(-10) - \sqrt{196}}{2 \cdot 1} \Rightarrow x_2 = \frac{10 - 14}{2} = -2$$

Então podemos reescrever a equação, usando as raízes, como:

$$(k - 12)(k + 2) = 0$$

Mas para $k = 36$ essa é a área A do retângulo, logo:

$$(36 - 12)(36 + 2) = A \Rightarrow A = 24 \cdot 38$$

Ou seja, as dimensões seriam 24 e 38.

Solução 2: Podemos fatorar a expressão dada, completando o trinômio quadrado perfeito:

$$k^2 - 10k - 24 = k^2 - 10k + 25 - 49 = (k-5)^2 - 49$$

Temos agora uma diferença de quadrados:

$$(k-5)^2 - 7^2 = [(k-5)-7][(k-5)+7] = (k-12)(k+2)$$

De novo, como isso é a área A para $k = 36$, teremos $A = 24 \cdot 38$. Como observação, vale ressaltar que isso não garante que essas sejam as dimensões, uma vez que $A = 12 \cdot 76$ ou $A = 6 \cdot 152$, por exemplo. A única opção é A.

31) Como os raios de sol são paralelos, teremos dois triângulos retângulos semelhantes pelo caso $AA \sim$. Logo podemos escrever:

$$\frac{H}{1,8} = \frac{30}{2,0} \Rightarrow H = 1,8 \cdot 15 = 27\,\mathrm{m}$$

Opção A[3].

[3]Na realidade, esta questão envolve princípios básicos de ótica geométrica e pode ser encarada tanto como uma questão de matemática quanto de ciências. Mas decidimos inseri-la aqui para enriquecer o conteúdo.

Capítulo 29

Gabarito Completo

Aqui você encontra o gabarito com as opções corretas para cada questão, separadas por ano de aplicação da prova. As questões com "X" foram anuladas ou não apresentam opção válida.

Capítulo 1

Matemática 2004/2005

1) A	5) B	9) C	13) D
2) C	6) B	10) B	14) D
3) E	7) E	11) A	15) C
4) A	8) E	12) C	

Capítulo 2

Matemática 2005/2006

1) E	5) C	9) A	13) E
2) D	6) B	10) D	14) B
3) D	7) C	11) A	15) B
4) D	8) D	12) B	

Capítulo 3

Matemática 2006/2007

1) E	5) D	9) D	13) C
2) B	6) B	10) A	14) A
3) B	7) B	11) C	15) C
4) E	8) E	12) X	

Capítulo 4
Matemática 2007/2008

1) B	5) D	9) D	13) A
2) E	6) C	10) C	14) C
3) A	7) B	11) E	15) D
4) E	8) B	12) D	

Capítulo 5
Matemática 2008/2009

1) D	5) D	9) D	13) E
2) A	6) B	10) C	14) C
3) E	7) B	11) A	15) D
4) B	8) E	12) C	

Capítulo 6
Matemática 2009/2010

1) A	5) B	9) B	13) C
2) A	6) E	10) B	14) E
3) B	7) C	11) C	15) D
4) D	8) A	12) D	

Capítulo 7
Matemática 2010/2011

1) B	5) B	9) E	13) A
2) D	6) D	10) C	14) A
3) E	7) C	11) A	15) B
4) E	8) D	12) C	

Capítulo 8
Matemática 2011/2012

1) C	5) D	9) C	13) B
2) E	6) D	10) D	14) B
3) B	7) A	11) C	15) E
4) A	8) E	12) E	

Capítulo 9
Matemática 2012/2013

1) B	5) A	9) D	13) C
2) E	6) A	10) B	14) A
3) A	7) C	11) D	15) C
4) D	8) D	12) E	

Capítulo 10
Matemática 2013/2014

1) C	5) A	9) D	13) D
2) B	6) B	10) E	14) A
3) E	7) B	11) C	15) D
4) E	8) D	12) C	

Capítulo 11
Matemática 2014/2015

1) A	5) B	9) E	13) A
2) D	6) C	10) B	14) E
3) E	7) C	11) C	15) D
4) D	8) A	12) D	

Capítulo 12
Matemática 2015/2016

1) D	5) B	9) A	13) C
2) E	6) B	10) E	14) B
3) C	7) B	11) C	15) C
4) C	8) D	12) A	

Capítulo 13
Matemática 2016/2017

16) B	20) C	24) A	28) C
17) B	21) D	25) E	29) D
18) C	22) D	26) C	30) B
19) D	23) B	27) B	

Capítulo 14

Matemática 2017/2018

16) A	21) A	26) B	31) A
17) B	22) D	27) D	
18) B	23) E	28) E	
19) C	24) D	29) D	
20) C	25) C	30) A	

Anotações

Impressão e acabamento
Gráfica da Editora Ciência Moderna Ltda.
Tel: (21) 2201-6662